岩 波 文 庫

33-952-1

高峰譲吉文集

いかにして発明国民となるべきか

鈴 木　淳 編

岩 波 書 店

目　次

1　化学工業家の誕生 …… 7
口演　高峰博士発明苦心談 …… 9
英国留学時の書簡より …… 33
本邦固有化学工業の改良 …… 39
演説　天然瓦斯 …… 53
演説　人造肥料の説 …… 63
2　アメリカでの発明活動 …… 73
自家発見の麴ならびに臓器の主成分について …… 75

新ジアスターゼ剤およびその製造法について……105
百難に克ちたる在米二十余年の奮闘……113

3　発明立国への道……125

いかにして発明国民となるべきか……127
余が化学研究所設立の大事業を企てたる精神を告白す……135
理化学研究進歩の賜だ……151
一研究の成功も富国の大道……155
時局と本邦工業家の覚悟……165
英米両国の化学工業保護法について……173

編者解説(鈴木淳)　181

高峰譲吉文集

いかにして発明国民となるべきか

1　化学工業家の誕生

口演　高峰博士発明苦心談

私は加賀藩の者であります。金沢に生長致しまして十二、三の頃、藩の選抜によりまして、長崎へ外国語学の修業に参りました。その頃はもちろん維新前で、教育制度も一定いたしません。英語を学ぶのにどれほど困難でありましたろうか。これ私が苦心のそもそもで、しばらくホルトギースという西洋人に教えを受けておりました。

長崎には二年おりました。そのうち維新になりましたが、京都の方に私の親父が参っておりましたので、私もまた京都に参り、大阪に有名な緒方〔洪庵〕先生の塾があって、緒方先生には父も厄介になったことがある縁故から、私はその塾に入りました。しかしてしばらく勉強しておりましたが、この大阪に留学中がちょうど私の青年時期で、この間に一生の方針も大体定(き)まったのですから、この意味において私は当市を第二の故郷とし、本席にも我から勇んで出演致した次第であります。

緒方塾を出てから間もなく、医学校に入学致しましたが、その時分に厄介になった方々は大抵今は病死されました。ただ生き残っていられるのは菊池〔篤忠(大阪回生病院長)〕ドクトル、相沢〔未詳〕ドクトルとで、その他私の子どもの時分にご厄介になった方も、金沢から大阪に移っておいでになるが、すなわちその人々でありまして、その方々に今度お目にかかった愉快はどんなでありましょう。

その頃、理化学校というものは別に政府の手で建てられまして、和蘭人〔オランダ人〕を聘して理学化学の講釈がありましたから、その学科を医学校の生徒にも一週間に三、四度ずつ聴かしてくださることになり、私もそれに通っておりましたが、その理化学校では講釈のほかに、実地の分析その他の実験をすることもできました。で、それまで医学に熱中していた私は、医学はなかなか難しくて、骨の名を覚えるのさえ随分脳力を要する次第でありますから、何とか化学の方をやってみたいという気になって、先輩の諸君に相談を致しました。ところが異存を唱うる方もなかったのみならず、おまえの親は医者ではあるが、やはり化学が好きで維新前後には加賀港〔侯〕の化学者であって、硝石の製造方だとか、火薬などを和蘭書から引き出してやっていたというようなこともあるのだから、その方に商売替えをしてもよかろうということなので、理化学校の方に引き移ることになりました。そのうち東京の方では追々教育制度が進んできて、そんな専門の学校を大阪に置く必要はない、東京へ移して開成学校あたりへやった方がよかろうというので、大阪の学校は止められましたところから、私も仕方なく第二の故郷を去って東京へ移ることになりました。

さて、東京へ移るとその時分、工部省に勧工寮というものがありましたが、そこに見習生としてしばらくおり、間もなく大学寮ができ、工部大学〔校（のちに東京大学工学部となる工学教育機関）〕が設けられるようになりましたから、またその方へ移りました。四、五年経って卒業致しまするると、英国へ留学を命ぜられましたが、三年の後、応用化学を専門と致して帰朝致しました。

するとその頃、有名な応用化学の専門学者宇都宮三郎〔一八三四―一九〇二〕という方が私に言われるのには、この頃は政府の方で曹達〔ソーダ〕の製造所がある。また、私立でも大阪と東京にできた。おまえは英吉利〔イギリス〕に行っておって曹達製造も研究したろうから、その方へ出て西洋の学説を実地にやってみたらどうかということであった。そこで私は熟考したところが、どうも曹達事業は諸君のご承知のとおり、硫酸曹達は化学工業の基である。かの二つが発達致さぬ以上は、他の品物の進歩は難しかろう。したがって、ごく大事の事業であるからぜひやりたい、またやりたいつもりで英吉利でもその工場へ入って学んだことでありますが、はなはだ勝手がましいことではあるけれども、どうもその方は御免を蒙りたい、というのは私は永らく官費でもって化学のことを教えさしていただいた、それでどうも日本の化学者としては、どうか日本固有の化学に関係する事業に従事してみたい、曹達なり硫酸なりは、いわば向こうの真似であるから、いよいよその人物の必要を感じたなら、それに精通している向こうの職工長でもお招きになればよろしかろう、それに反して日本固有の化学事業というものは、西洋人が知らないのであるから、どうしても日本人がやらなければならぬ仕事と考える。だからどうか私の智識を、その応用のできる新しい方面へ向ける口をお探しくださいと申しまするど、それもそうだ、それでは当分農商務省の方へ行って、ひとつ取り調べか何かをして研究をしたらよかろうと申されたので、すなわち同省に入ったのであります。

それでこの日本の化学に関係ある工業はどんなものであるかと、いろいろ調べました。そのうちには藍の製造、紙の製造、陶器とか、油の絞り方、および砂糖の製造法等、なお他にもあって日本物産の中で化学の部類に入れてもよかろうと思うものは、五つや十はありました。けれども一番金高の多い、ひとつやってみたらばと思われたのは清酒の醸造法であった。これは金高から見ても、政府の収入の側から見ても、また需要高からいっても、化学に関係する学者のぜひ研究をしなければならぬ事業であると思われます。それであるから私は、醸造法についてここかしこの酒造場を視察して研究しはじめたが、なかなかどうしても学校で習った学問くらいではとてもできない。理屈はわれわれのほうにあっても、サアおまえが責任をもってやるかと問われてはただ、できないと答えるよりほかはないのであります。で、私は思った。年々作った酒が腐敗する。いかに上手な酒造家でも一本、二本、三本、四本の酒を腐らすことは珍しくないのみならず、これだけを金子に見積もっても容易なものでない。で、これが改良などは第二の問題として、なかなか興味ある問題であると思ったから、農商務省へもその話を持ちかけると、それでは実地酒造家に諮（はか）って、その防止を考えてはどうかということでありました。

で、ご当地〔大阪〕にも縁があるので、ご当地近傍の堺における有力なる酒造家に諮ってみると、みな私の考えを容れられ、進んで試験場を設けよう、工場を建てようということになって、いろいろと相談を受けることになり、その中でも武井徳平次、広井浜吉両氏のごときは、最も多く力を添えてくださったので、やっと基礎が立って今日に至ったのであります。私はこの場合を利用して、それらの諸君に謝意を表したいのです。また一方、農商務省においても酒の改良の必要であることを認めた結果、その時分、化学者の五、六名もあちこちへ派遣して、いろいろ調査せしめ、改良についての研究をなすことにしたのであります。

つまり、私は人のやっていないことをやりたいのが性分で、現に農商務省にいた時分でも、同僚の化学者にそれぞれ研究すべき科目を挙げて共に改良の途を図ったのであります。また、私はその時分から工業試験所、および酒造の改良法についてしきりに建白をしてみましたが、これらの点も今日で見ると、大蔵省では立派な試験場が設立され、その他いろいろのことが設備されるようになったので、私らの心ひそかに喜んでいる次第であります。そのうちに米国のニューユリヤンス〔ニューオーリンズ〕の方に博覧会ができ、私は日本の事務官として派遣されることになりました。ところがその当時、博覧会などに事務家を出すのはよいが、いくらか工業上にわたった人を出した方が利益であろうという説が行われましたが、私は工業家であるにもかかわらず、特に事務官として行った次第であります。

向こうへ行ってからも、私はいろいろ欲張りの根性を出して、何かよいことを見出そうと考えましたが、まず目に付いたのが亜米利加〔アメリカ〕産の燐酸、鉱物であります。それがかつて英国留学中、ニューカッセル〔ニューカッスル〕辺の製造場に入って燐酸石灰の間に過燐酸石灰の製造をやっているのを見たが、そのときの石と一向違わない。すなわち、英国で使っている燐鉱が米国から来るものであることを始めて知りましたが、かく英国まで持って行っても引き合うようなものであれば、日本まで持って行っても引き合いそうである。そもそも日本人は植物を主なる食物とし、肉食をしない国民である。したがって、牛の骨などを土地へ返さないから土地がどうしても燐酸に不足していなければならぬという考えが付いてきました。同時にこれを利用してやれば、きっと良いに相違ない、日本の主なる農産物は米であるが米を育てるに一番必要なものは燐酸である。しかして日本はこの燐酸質をどこから取り寄せているかという問いが浮かんできたのであります。けれども、日本では牛の骨を粉にして田地に施すことをしない。海からすくい上げた魚族を施すにほかならぬのであると知っているから、ひとつ試してみようというので、嚢中の小遣い銭を叩いて十噸〔トン〕あまり買ってきました。そうして帰朝早々、これを農商務省へ持って行って諸府県へ配布して、有志の人に試さしてもらうことにしました。ところが、一年ほど経って良いとの報告が続々来たので、今度は農商務省から同品を何十噸か買い入れさせて諸府県に配布してもらいましたが、その成績もすこぶる良好なので、引き続き三年間ほど右様の試験をすることにしたのであります。ついで私は農学専門の人たちと共に各地方に派遣され、燐酸の効果も極まってきたので、農商務省からは、おまえ、ひとつやってみたらどうかという相談を持ちかけられたのを機会とし、だんだん有力の紳士らと協議を経て資本の融通が付くようになったので、ついに一つの肥料会社を起こすことになり、東京人造肥料会社と名乗りを上げました。

今日においてはその会社の資本も十倍し、またそれに幾十倍の資本をもってする製造会社が幾個もできました。ご当地にもすでに二、三、その例があるとのことであります。話が元へ戻りますが、その事業を興すことになって、私が米国の方へ機械その他の買い入れに行ったが、私の事務官であった時に約束しておいた結婚をここで挙げ、そうしてこちらへ連れ帰ることになった次第であります。今その事業の成績について見るに、ひと口に申せば初めの年は全損（まるぞん）、二年目はトントンで、三年目には少し利益があり、その利益でもって初年の損失が取り返すことを得たのであります。すでにどうかこうか目鼻が付くので、今度はかねて着目致しおいた醸造試験場をこの肥料会社の脇手に建てることになり、若干の化学者に託して鉱石の分析、または廃物の利用に腐心していました。けれども、この試験場をどういう風に維持すればよいかという問題が頭に浮かんできた。で、まず思い付いたのが曹達の製造である。曹達の製造にはさらし粉の製造がともない、さらし粉の製造には副産物として「マンガン」の廃液がある。これについて私の同窓の故清水鉄吉君とはかって、この廃液の中より「コバルト」のあることを発見したのであります。そうして、この「コバルト」は絵の具にも用いられおるくらいで、ひとつやったならば金儲けができるであろうと思ったので、早速ある資本家に頼んで金を出してもらうことにしました。で、それがもとになって新たに製薬場を拵え、印刷局の「マンガン」の廃液を何年間か安い金で払い下げを請うことにして、やっと製造を始めることになりました。ところが、最初の予算が当て外れで、コバルトの質は良い方ではあるが、出たり出なんだりして一定の収益がむずかしくなってきて、とうとうこの事業は失敗に帰しました。けれども、諸方からの鉱石を分析などして、かろうじて諸君の手当を払っていたが、この苦しい中にあっても酒造の研究は怠らずにしていました。

元来、日本酒の理屈を外国の酒精に応用したらば大変に利益がある、私がこの改良ということを思い付いたにつき、あまりテクニカルにわたるようであるが、その大略を申し上げようと思います。外国でアルコールを造るには、すべて南蛮黍〔モルト〕を土台にしておる。南蛮黍は一遍澱粉(でんぷん)さして、その中に含んでおる澱粉を砂糖に変え、その砂糖水の中へ発酵素、すなわち「イースト〔酵母〕」を入れて酒精分を作っておるのであります。ところが、日本ではモルトというものは使わないで、麴(こうじ)を使っておる。その目的は、いわゆるタヤスーデス〔ジアスターゼ〕を拵えるので、日本では種麴と唱えて小さな一の植物を米の上に蒔いて繁殖させるのである。そうして繁殖させる間にタヤスーデスというものができる。それを糖化素といって澱粉を砂糖に変える力をもっておるものであります、かつ大麦を拵えるには農家では一季節もかかるが、麴は室(むろ)で四十八時間にできる。四十八時間くらいでできるものであるから見込みがあると考えて試験をしたところが、その成績は良い方であったから、そのことを〔米国の〕親戚などに諮りました。しかして、さらに親戚から米国の酒造家などに相談致してみました結果、とにかくこれはやってみるだけの価値はあろう、で、本人をひとつよびよせたらよかろうかということになりました。そこで私はこの人造肥料の製造に尽力してくれられた先輩諸君にも相談して、断然〔米国へ〕行くことに決し、家族および灘の酒造業者たる杜氏の一人で藤木〔幸助〕という者らを連れて、大胆にも日本の方法を教えてやるという決心で亜米利加三界まで高飛びすることになりました。

私は実地酒屋に入って真っ裸で働くことはできない、いわば机上の水練にすぎないのでありますが、何しろ実地家の杜氏を連れているから、向こうの製造場で初めは五石、十石の樽で玉蜀黍〔トウモロコシ〕を材料として日本流の麴を造ってみたのでありますもとより、向こうの製造場へ入ってやるので秘密も何もない。材料から何からみな向こうで買ってくれて、向こうの職人がやり、私が監督で藤木が麴室(こうじむろ)へ入って麴を拵えていたので、向こうの人が来て見るとなるほど違っている。これまで欧羅巴〔ヨーロッパ〕、亜米利加ではアルコール類には第一、モルトというものがなければ一切できないものと思っていたところが、日本人はそうでない、モルトを使わないで醸造すると言って面白がって醸造の新法に注意してくれました。私の方もそれぞれ麴室の支度もでき、醸造をも始めましたが、単に少しばかりの種麴で多くの麴もでき、かつ首尾よい発酵もできたので、向こうの実地家は舐めてみて、なかなか美味にできたというわけで、それから小さな蒸留器に容れて蒸留をしてみたところが、思いのほかアルコールのでき方が多い。これはどうも見込みがありそうだ、とにかく研究するだけの価値があるということを認めました。そこでまず数週間続いてやりましたが、顕微鏡的のいわゆる糖化素をもって澱粉質を砂糖に変えることは明白に証拠立てることができました。同時に、いよいよその方法は亜米利加の旧来の方法に経済的改良を加えて引き合うかという論になったが、これは実地的にやってみるよりほかに手段がなかった。

そこで新たにその試験を始めまして、かの地でも最も醸造の盛んなビション〔ピオリア〕という土地——市俄古〔シカゴ〕から一五〇哩〔マイル。約二四〇キロメートル〕入り込んだ土地で、こちらでいえば灘地方とでも言おうか、亜米利加の醸造の中心であって、アルコールトラストと称する大きな組合もあります——そこへ引っ越して行って、だんだん試験を続けてやりました。ところが、第一に感じたのは、少しばかりやるくらいでは日本流のやはり手細工に過ぎて規模が小さい、日本の醸造家で一季節に千石を造るといえばちょっとした酒屋であるが、米国では一日に千石くらいの穀物を潰している。否、近頃では一万石もできるそうであります。で、つまり米国では日本で一季節かかってやるものを二十四時間にこなしてしまわなければならぬのであるから、とても手細工くらいではできないのみならず、手でやれば人も多くいるわけで算盤に合わない。同時に、私の困難を感ずるのは、化学者の本職たる化学上の困難ではなくて、器械上の困難でありました。けれども、いろいろやっているうちに成績が良い、これからもっと大仕掛けにやればすっかり器械の装置が違ってくるというので、その醸造等に従事しておる器械家の智恵を借りまして、いろいろの方便をもってやりはじめ、できるだけ尽力を省こうということに歩みを進めました。そこで今度は、日にまず千石くらいの仕掛けにこれをやってみようというので、その装置をしたが、初めは思ったように行かない。大体、モルトなしに醸造はできるようなものの、日本の麴などは非常に余計使わないと同じ結果を見ることができない。そこで私もよほど落胆した。これは事によると失敗に終わるであろうかと思われるからであります。しかし、こうしているうちに仕事が忙しくなってくる。私と藤木では手が足りない。向こうの地方大学に入っている化学者らを頼んでやっていたが、なお足りないところから、私の同窓であった工学士の清水〔鉄吉〕君を聘しまして、共同して一生懸命に研究を進めましたが、これならばよかろうと思った時分にはもう、旧の日本の方法とは全然違った方法になってしまいました。

それで、その方法は一つは日本法、一つは高峰法というような具合にしてやっているうちに、なお一種の麴と共にぜひ使わなければならぬ化学的のある物を発見したのであります。すなわち、およそ三年ほどほとんど昼夜を分かたずやり続けた結果、三年目の末に一日三千ブシル〔三千ブッシェル＝約一〇万五七二〇リットル〕、二時間に五百石から七百石の材料を潰す醸造場を、単に高峰法でやるということに致したのであります。なお、これをずっと半年ほども続いてやっておると、そこで初めて高峰方法はどれだけ旧方法に優っているかということを実際に証拠立てることができる次第であります。実はこれまでに費用も大分かかり、器械を私の方法に適用するつもりでやってみても、何千弗〔ドル〕という大金を費やさなければならぬ。が、向こうの人も感心に、屈せずやってくれました。彼は日本人である、日本人の担ぎ出した仕事であるから死んでも成功させなければならぬという命がけの精神と、私の親戚の者もやりかかったものに何でも成功させようと貧乏を質に置いて注ぎ込んでくれたのと、また会社でもそのとおりで何十万弗という金を試験費に注ぎ込まれたような次第であります。かつ、このウイスキートラストの方でもしきりに尽力をしてくれる、尽力をするのもただ損失上からでなくて、もともと算盤上から出ているのである。一体、ウイスキートラストというのはこれ、亜米利加合衆国内六十何ケ所の醸造場が、ある一手に買収されて一つの大会社となったもので、もしその中に謀叛をする人が起こったならば、ただちに脇へ醸造場をおっ立てて競争することができるのである。しかるに、ここで何か一つの新しい方法があって、その方法をその会社で占有することができるとしたならば、競争が起こっても、あるいはアルコールが安くできるとか何か一つの大きな特色をもっているから、他のトラストはこれが敵たるをえないのである。そこで新工夫が必要であるということに見込みを立てたのは、当時のトラストの社長でありました。その社長は今の理屈から非常に熱心に私の方法を保護してくれる。それでいよいよ七百石の醸造場をおっ立てて二、三日中にこれをやりはじめるということになって、私は不幸にして肝臓を冒されました。また、いよいよ二、三日中にその工場を開こうというその晩、数万弗をなげうって建てた工場は火のために烏有に帰してしまったのであります。

私はこれまでの苦心をここでちょっと述べておく必要があると思います。これまでになるにはその資金は容易なものでない。また、この工場を建てるまでの試験は着々良かったのみならず、旧来の方法に比して費用が安く、麹の作り方が容易で、アルコールの材料も沢山できる。ことに、新しい工場も作ったくらいであるから、広く世間に評判され、そのトラストでも私の方法をしきりに賛成してくれましたが、そのトラストの役員中にはモルトの製造に従事している重役も沢山あって、万一、高峰方法がうまく行けた日には、その人々の商売が上がったりになるの道理でありますから、初めの間は油断していたが、私の成績がだんだん良いので、彼らは恐怖の念を起こし、ついには私に向かって排斥運動を引き起こしてきました。その排斥運動も金持ち〔株主〕だけが困るるというくらいならばよいが、資本主は職工に向かって号令的に、かの高峰は汝らの敵であると言い聞かせ、ある場合には、夜、醸造場に忍び込ませて——なかには直径五間くらいの酒樽があって、その中に発酵要素を容れてある——その樽の栓を抜き、溝の中へ作った酒を流してしまい、別にその樽の上に護謨〔ゴム〕管を渡しておいて水を注ぎ込むという悪戯をしたのであります。で、私の方でも醸造試験をやる時分には、夜分そっと醸造場へ鉄砲を持たして番人を付けておき、それから醸造局の方へその由を訴えて、桶の下の口には政府の錠をおろすというくらいに致しました。けれどもしまいには、そんなくだらぬことをするよりは高峰をやっつけろというものができたそうで、私は夜分にかぎり外出せぬことにしていました。そのうちに私は肝臓病が募る、実にその時分の苦しさ加減を思い出すと今でもぞっとするような感が起こります。

が、迫害はなおやまぬ。とうとう前申したとおり、醸造場に火をつけた。あるいはつけたのではないかも知れぬが、とにかく火事のために工場を失ったのである。そうして今度は高峰はいよいよやろうということになると、できないものであるから自分で自分の工場へ火をつけたのである、ということさえ言われたくらいの次第でありです。しかしながら、前申したトラストの社長は、君があくまでやり通してくれなければ、おれもしきりに攻撃を受けて今日までやってきた甲斐がない。何でもかでもやれと言って尻押しをしてくれまして、今度は前に優るほどの立派な醸造場を新築してくれたのであります。そこで私も策を代えて、今度新築した麴製造場では、これまでモルトを拵えることの腕に覚えあるものでなければ使わない〔雇わない〕ということにしまして、モルトを造っているものを使いました。次にまた、モルトを使うよりは日本麴を使った方が節倹であって、職工へ少し賃金を余計に払っても旧方法よりは安く付く、これらの点をその連中にも説明し、かつ実際給料を少し余分にやるということの計画を採りましたところが、これは思ったよりは良い。なるほど、やってみればモルトを造るよりも良いと思ったものか、今や反対に高峰の評判が良くなってまいった。が、一難去れば一難来るで、そのうちに今度は全然意外な故障が起こってきた。それは先刻お話し申しましたトラストの合併が瓦解して、今日まで熱心にやってくれた社長が逐い去られてしまって、社長の敵である方の側がその会社の主任となる、のみならず、前の会社を一遍潰してしまって今度新規の連中が新しい会社を作って乗っ取ろうという次第になりました。そこで残念ながら、私の方法も共潰れになって、高峰プロセスなどはいらぬということに陥りました。私は家内も子どももあり、実に涙の出るほど苦しい思いをしました。かつ、これまでもしこの方法が成功したらというので借り得られるだけ金を借り尽くしてしまったので、実際金の得る途も絶えたのである。また、その発明というものも、いわば一部分ずつ割いて抵当にして事業を進めて行ったのであるが、その方法が予期以上の成績を上げうることのできない今日となっては、もはや一文の金を出す人もない。そこで、諺にある困難は発明の母と申すことを思い出しました。商売をするにも資本がない。で、何かこれは工夫しなければ一家の者が餓死するよりほかに仕方がないというところからして、酒に使う麹(澱粉質を砂糖に変える品物である）について、われわれ人間は内外人を問わず澱粉質を食べないでは生きておられない。その澱粉質を消化するものは唾の中にある「ジヤスターゼ〔ジアスターゼ〕」であるから、これが足りなければ消化器に故障が起こる、という道理から人間の消化を助けるにはこの麹の成分を使ったならばどうであろうという考えが、ふと起こってまいりました。ここにおいて、その汁を煮詰めてもみたり、そのほか種々の試験をしているうちに、私の試験場でかねて麹の改良をしました。これを高峰麹というのです。そうして高峰麹の溶液からして主成分である「ジヤスターゼ」というものを分けることができました。これを分析してみると、物を消化する力が強い。そこでこれを薬にすればどうであろうというところから、亜米利加で有名の「パークラリス〔パーク・デイビス社。のちに製薬会社ファイザーに統合された〕」という売薬会社に頼んでみると、それはかねて望んでいるところの薬であるから、ひとつ私の方で売り広めてみようという約束がまとまり、初めてここに「タカジヤスターゼ〔タカジアスターゼ〕」という一の澱粉質消化剤ができあがったのであります。

一体、発明をするということは容易いことではない。すでに発明そのものが一つの困難である上、これを実地に応用することは、また発明するよりも難いかも知れぬ。

今日、亜米利加のごときは年に何万という特許ができるけれども、いよいよその中で実地に応用して金を拵え出すというものは比較的少数であります。発明を実地に応用させようというには学力では行かない、今日の発明は偶然ではもちろんできないのであります。やはり学問を土台として算盤でやり上げた結果でなければならぬので、つまり学問ばかりでも行かず、実地ばかりでも行かぬのであります。

さて、ようやくにして「タカジヤスターゼ」というものができましたが、それが金になるまでにはなかなか時日を要する。あたかも発明は赤ん坊ができたようなもので、それが追々成長して十分に稼ぎ出して一人前になってくるようなもので、製薬会社においても初めは金を注ぎ込む一方であった。私もこの製薬はいくらか見込みがあるだろうと人から金を借りる。そうしてまず私らの小さな一世帯がどうかこうか維持していけたのであります。時にある日、私の友人が来まして言うのに、おまえの「タカジヤスターゼ」は効力あるものだと聞いたが、私は活版屋の肉を練るこんにゃくの棒みたいな「ルラ〔ローラー〕」を拵えるものであるが、あれには「グリスリン〔グリセリン〕」を使う。十五銭から二十銭（一ポンド）の値で甚だ高価でかなわぬ。どうかこれに似た他の代用品を使うことができたならば大変に倹約になるが、おまえは化学者であるから「グリスリン」の代用品を何か拵えてくれまいかということであった。私も面白いからこれを研究していたが、うまく行かない。とうとう残念ながら、そのことは断念しました。ところで、ひょっと思い付いたことがある。この「グリスリン」の代わりに「グルコーズ〔グルコース〕」を使えばよいが、やはり幾分高く付く。つまり、同質の品を安く上げたいという目算にすぎないのであるから、研究を一つ代えて、その友人に、しからばその、やって行けなくなったあとの「ルラ」はどうなるかと聞くと、使うと堅くなるから溶かし直しては使うけれども、ついには捨ててしまうと言ったので、その捨てるのをこちらへもらいたいと言った。もともとこの廃物は「グリスリン」を含んでおるのであるから、その「グリスリン」を捨てたものの中より回復することができたならば、確かに「グリスリン」は採れる。そこで私は、今度は廃物利用の方に方向を改めました。

で、廃物の試験をやっていたが、そのうち石暮学士と共に亜米利加中でこれまで捨てておる活版屋の「ルラ」の数を買い集めることにし、予算を立ててみると、ちょっと良い加減に儲かりそうである。否、うまく「グリスリン」を取れるというのでやろうとしたが、ある反対者が起こったので一時中止することにしました。ところが、ちょうど一年ほど経つと特許局の方から通知が参った。おまえの「ルラ」からして「グリスリン」を回復する方法の特許出願があるが、それと同一の方法の出願をしたものがある。いわゆる特許出願の抵触が起こってきた。おまえの年限かれこれの詳細を書き出せということでありました。不思議なことがあるがと思ったが、とにかく事実を書き立てて特許局へ私の代理をやりましたところが、私のところへある人を経て、かの発明を譲らないかという申し込みがありました。けれども、私は売らぬと言ってはね付けた。しかし、彼の折り入っての懇望で私も黙視しがたく、しからば、私に年税として百のものをお払いください、さらばこの権利をお譲りいたしましょうと言ったが、向こうにも弱いところがあると見えて、よろしいと承諾しました。爾来、発明は向こうの手でやってくれて、その純益の中から約束どおり、私に年金を送っているのであります。そうして、その中には一、二、お話をしたような目鼻の付いた品物もできましたつもりで、今度は収入の幾分かをもちまして小さいながら自分の研究場を起こすことになりました。かつやはり何か人のやらない新しいことをやろうというので研究を続けているうちに「アドリナリン〔アドレナリン〕」という一の薬品を発明致しました。

畢竟(ひっきょう)、右のごとき有様であるが、これは一向、私の力ではありませぬ。私を支えて助けてくれた諸君の功労であります。すでに亡くなられた工学士清水鉄吉君、藤木幸助君、ご当地におられまする石暮君、上中清三(啓三)君、その他もとに戻りて肥料会社の隣に製薬場をやっておりまする時分の森本君らの助力によって、私の今日を得た次第であります。私はこれらの諸君に向かって厚く感謝の意を表するのであります。

初出『工業之大日本』3巻12号(一九〇六年)

英国留学時の書簡より

（前略）小生儀、〔一八八〇年〕二月九日横浜出帆。三月二十三日海上安全、英国倫敦府〔ロンドン〕に着、十八日間滞在。四月十日蘇国〔スコットランド〕グラスゴー府に来着、以来益無異折角修業罷りあり候、慮外ながら御休意これ祈る。当府グラスゴーは蘇国中、最も大なる都府にして、倫敦を隔つることおよそ四百哩〔マイル。約六四三キロメートル〕（汽車にて一日ほど）、クライド河の辺にあり。広さはおよそ大坂〔大阪〕くらいなり。人口は東京よりも多し。これ家屋みな平均三、四階なればなり。当府は諸製造所の多き箇所にて煙突は数千本雲を刺し、煤煙はほとんど天を掩う。ゆえに市内の空気清潔ならず。しかれども、小生の住所は当府の西端にあり。ゆえに空気さほどに悪しからず。家屋はことごとく石室にして、三、四階より六、七階に至る。小生のただ今住むところは四階なり。地上一、二階を最も上等とす。多くは地下にまた一階あり。これ下等なり。道路は車道、人道の別あり。石、あるいは「アスファルト」をもって敷き、中央に馬車鉄道あり。乗合鉄道馬車、市内諸所に往返す。至極便利なり。また馬の代わりに小汽車(ステームアール)を用ゆるところあり。これは尋常の蒸汽車のごとき早きものにあらず。馬の代用するものなり。倫敦には右のほか、地下鉄道、蒸汽車(通常の汽車にして速力の早きもの)あり。府内数十ケ所の停車場を巡回すべし。これはまた一層便利なり。当府グラスゴーには一点の井戸なし。飲水等は五十余里(二百キロ余)外の山中の湖水を鉄管にて導き、枝管をもって各家に分配す。ゆえに七、八層楼上にあるも水揚げの労を要せず。単に龍の口(蛇口)を回すのみなり。当府は国内工業の最も盛んなる地の一にして、その最も有名なるは造船なり。そのほか、製鉄、諸器械製作、数ケ所あり。化学製造中、最も大なるは曹達(ソーダ)、漂白粉、膠(にかわ)、硫酸、明礬(ミョウバン)等にして、そのほか百般の工業あり。かくのごとく工業の盛んなる所以は、第一当府はクライド河の辺にあり、運送に至便なり(ただし、数千石積みの船舶もただちにその河岸に繋ぐことを得べし)、第二はいながら地下数間を穿掘すれば結構なる石炭を得べく、また、いながら坑を穿てば鉄鉱、石灰鉱、建築石を得べし。実に天然富鉱の地なり。第三には人民各職業に勉励し、富国主義を守るによるかと愚考仕り候。ゆえに富国にては、鉄の多かつ廉なること推して知るべきなり。まずちょっと道路を見れば、架橋は大半鉄、車道も鉄、瓦斯燈〔ガス灯〕も鉄、郵便箱も鉄、小便所も鉄、垣も鉄、人道なかば鉄(地下室への光取り)、下水管も鉄、おまけにまったく鉄造の家あり。いやはや鉄だらけに御座候。先日、当府内中心鉄道停車場、狭小につき、隣地面一坪平均四百磅〔ポンド〕(わが二千八百円に当たる)の割合にて求めたり(もっとも私社なり)。市内盛んなること推して知るべし。右のごとき有様ゆえ、物価はなはだ廉ならず。湯銭一度分「六ペンス」より十八「ペンス」くらい。すなわち、わが紙幣にて十七銭より五十銭くらい(一磅、すなわち二十シルリングはわが紙幣七円くらい)、理髪三十銭より五十銭くらい、煙草一斤の価二円より七円、そのほかこれに準ず。手細工物は一般に価貴とし、器械細工物には驚くべきほど廉きものあり。当今、小生の宿料一ケ月七ポンド半、すなわち五十三円、化学試験所の月謝十八円、講義月謝六、七円、そのほか書籍、新聞紙、衣服諸雑費平均(ごくごく勘弁して)三「ポンド」、すなわち二十一円。都合、月々十四、五「ポンド」(百円)を要すべし。しかるに、小生ら、官より頂戴するは月々十二「ポンド」なり(八十四円)。まことに閉口罷りあり候。小生は当今、アンデルソニヤン大学校〔アンダーソニアン大学。

現ストラスクライド大学〕実地化学試験所に通学罷りあり候。教師ドクトルミルス氏にて、当国内屈指の化学者なり。来月半頃より試験所も休課につき、化学諸製造所を巡覧仕るべく候。当地には一ケ年半、のち一ケ年半は倫敦およびマンチユストル〔マンチェスター〕（羅斯珂〔ロスコー〕氏の所居なり）滞在、英国内の諸製造所、実地修業仕るべき存念に御座候。もちろん、帰朝節までに独逸〔ドイツ〕語に通ずることを得ば、該国へ巡回仕りたく候。東京出立頃まで、英語に通じおれば欧州諸国巡回、障害なしと存じ、その存念に罷りあり候ところ、こたび渡航の節、仏国船に乗り込みたるをもって知りたり。しかし、いちいち通弁官を雇うの金力あれば、その限りにあらず。こたび同行せしもの十一名のうち四名は当府にあり。三名は倫敦、その他は諸所に出張せり。当府には小生ら四名のほか、二名の日本人あり。うち一名は海軍省生徒、ほか一名自費生にして八年前当地に来たり。初め三、四年は父より仕送り致しおりたれども、不幸にして父は死去、その後音信不通ゆえに、器械製作所に入りて職人同様にして実地修業致しおり候。小生ら、骨折って三、四日前、住所を見出したり。日本語はほとんど不通ゆえに、小生らと話すに英語を用ゆ。このほか当府近在に二名の日本人あり。

一名は東京大学よりの留学生、一名は自費生なり。倫敦には沢山あり。石黒五十二〔のち海軍の技師。一八五五―一九二二〕、桜井錠二〔のち東京大学教授。一八五八―一九三九〕は金沢人なり。当国は一般宗教の盛んなる地なるが、当府は格別に盛んなり。日曜日には薬店のほかはことごとく店を閉じ、一切商法の取引をなさず。人民十に八、九は寺〔教会〕に行き、説教を聞く。東京辺の日曜とは大違いなり。小生らの宿ブラウン氏、奉教家の最も甚だしきものにて、朝夕両度は必ず家内ことごとく一室に集まり、神拝すること半時間ばかり（小生らも陪席せざるを得ざる有様なり）。家内ことごとく禁酒禁煙なりゆえに、小生も禁酒仕り、当今は餅連と相化し申し候。しかし、いまだ禁煙までは至りかね候。当今は午後十一時頃まではなお明るく、午前二時半頃に夜明け申し候。当国政府にてこの頃一大変革ありたり。すなわち、国内人民、自由および守旧〔保守〕の両党に分かる。過ぐる三月以来、国内こぞって投票し、近頃、自由党に決したり。ゆえにここまでの大政大臣〔首相〕（守旧の説）辞職し、自由党の親玉グラットストーン〔英国首相ウィリアム・グラッドストン。一八〇九―九八〕氏、大政大臣の位に昇れり。当国数百年以来の大変革なりという。別封の写真、おついでの節、ご送達を願う。いちいち書簡呈上仕りかね候間、しかるべく御鶴声これ祈る。

〔一八八〇年〕七月十三日　　　　　　　　　　　高峰譲吉　百拝

尊　大　人　膝下

塩原又策編『高峰博士』塩原又策（一九二六年）より転載

本邦固有化学工業の改良

それ化学なる語はわずかに維新前後の輸入に係りたる語にして、化学工業なるものの区域、はなはだ広遠なることはすでに諸君において知悉せらるるところなり。しかして、酒、醬油、味噌、油、塩、砂糖、蠟、そのほか紙、墨等、日用品より陶器、塗物、絵具、染物、薬種等に至るまで本邦固有化学工業品にして、これを西洋固有化学工業品に比較するときは大いに径庭あるを免れず。畢竟、日本の文明進歩を望まんにはこれら化学工業の改良は実に目下の急務なりと言うべし。

さて、方今内外貿易上の有様を見るに、西洋よりわが邦へ輸入する物品は木綿、羅紗、砂糖等、各充分工芸上の労力を費やせしものなるが、日本より西洋へ輸出するものは茶、生糸、米等、労力は掛かりおるも、あえて工芸上の労力を加えしものならず。

しかるに、これらのことを顧みず、ひたすらわが邦人は舶来の金巾の多きを憂い、その輸入を防遏せんと欲す。これ、貿易上の真理を解得せざるよりの考えに出でしものにて、貿易は各自有無の交換なれば決してこれを憂うるに足らざるものとす。ただその憂うべきは、わが邦人工芸上の労力を加えしものを輸出するの考えなき一事なり。あるいは、日本化学工業品にして西洋へ輸出し得べきもの絶えてなきのごとく思われんが、ここがすなわち工業者の注意を要するところなり。もし工業者においてわが邦固有化学工業品を少しく西〔洋〕人の意向に適するごとく製造したらんには、大いに輸出の増加を見るべし。たとえば、日本の紙類なり。これは西洋にて格別の要用なけれども、その原質の良好にして堅靭なるは世界無比なりとて西〔洋〕人も大いに珍重せるものなり。ゆえに、かの天狗状のごときも少しく厚さを加えて、いわゆるロッチングペーパー、もしくはプレシングペーパー等のごとくに製せば、その輸出をして巨大ならしむるは余の断じて疑わざるところなり。

しかりといえども、従来わが邦において工業之実務に当たる者は、おおむね実際の経験のみにして毫（ごう）も学理の応用を知らざる者なれば、本邦固有化学工業をしてその実理相並んで進歩したる英仏等のごとくならしめんには、すなわち実務者は必ず学理に達したるものと相議し相謀り、もって速やかに本邦固有化学工業品の改良を計画せざるべからず。余輩あえて学者の地に立たずといえども、またかつて眼を化学工業の書に晒せしものなれば、いずくんぞこれを傍観するをえんや。よりて本日ここに本邦固有化学工業改良の講話をなさんと欲するなり。しかるに、本邦固有化学工業もその種類千差万別、逐一その改良の点を挙ぐるはまた一朝一夕になしうべきにあらずゆえに、いまその種類中の一なる清酒醸造のことにつき、いささか意見を陳述せんと欲するものなり。

清酒醸造の件は余輩、六、七年前よりこれを考案しおりたり。何となれば、清酒醸造はわが邦化学工業品中、最も緊要のものなるのみならず、その消費高すこぶる巨大なるをもってなり。見よ、往昔は摂州伊丹〔現在の兵庫県伊丹市〕等、一、二の村邑においてこれを醸造せしものなるが、需用額年々増加するの甚だしきより、方今は全国一般所としてこれを醸造せざるなきに至れり。されば今、明治十四年〔一八八一年〕の統計表を見るに、全国清酒醸造高は五百十万石余なり。米価騰貴の頃、一石に付き九円五十銭と見れば、その消費高五千八百四十五〔四八四五〕万円となる。あに巨額ならずや。蓋し、わが邦人口三千五百万、一年一人前の飲料一円ずつと見なすも、すでに三千五百万円の巨額を消費するものなれば、全国醸造高五千八百〔四八〇〇〕万円余の巨額は決して違算と言うべからず。

それ清酒醸造の業は前述のごとき巨大なるものなり。しかるに、わが邦醸造家の有様如何を見るに、大抵は先祖伝来百有余年前の醸造法を固守し、あえてこれを改良するに念なきのみならず、多くはこれを杜氏に委し、毫も自らこれに着手することなし。しかして、この杜氏のごときは、皆ただ清酒を醸造するの経験を有するのみにて、化学上の作用はもとより化学の化の字も知らざるものなれば、これを改良せんとは思いもよらぬことなり。余や、日本の清酒醸造家の実際を目撃するごとに、いまだかつて歎息せずんばあらざるなり。余をもってこれを見れば、その醸造法も迂遠なり。熱度を加減する「ダキフクベ」を用ゆといえども、これまた少しく注意せざるべからず。その醸糟にもなお酒精分の残留するものある等、挙げて数うべからず。しかりといえども、余は今、まず清酒醸造上、最緊要なる腐敗を防ぐ方法を述べ、漸次改良すべき要点を略述すべし。

さて、ここに酒の腐敗を防ぐ方法を陳する前、その腐敗を来す原因を一言せざるべからず。そも吾人の常に呼吸する空気中には絶えず「バクテリヤ」[注]の飛散しおるものにて、酒造上その腐敗を来すはこれが原因となるものなり。蓋し、バクテリヤの形状は楕円にして粒々相連続すといえども、肉眼にてはこれを見認むるあたわず極めて微細のものなり。しかして、このバクテリヤの生長は、華氏寒暖計七、八十度〔摂氏二一―二六度〕の間に甚だ盛んを極め、温度の減ずるにしたがい、漸次その生長を退け、氷点以上二三五度〔原文ママ〕なるときはすでに生活を失するに至るものとす。しかれども、熱度の非常に高きときはまた生長しあたわざるものゆえ、百二十度〔摂氏四八・九度〕以上の頃には焚死するなり。顧うに、古来、わが酒造家が火入れをなすは、あえて理学上の思想より出しものならずといえども、その目的たる、畢竟、腐敗の原因すなわち、かのバクテリヤを消滅せんと欲するに過ぎざるなり。ただし、わが邦酒造家は、火入れをもってただ腐敗を止むるに緊要なるのみを知りて「バクテリヤ」の理由を知らざるゆえ、火を入れし後、さらにその腐敗するを予防するあたわず。幾度も同一の火を入れ、ついに酒の色と味とを変ずるに至ることあり。実に歎ずべきの極みなり。よりて余は、その防腐法をいかにして可なるやと考えしに、左の四項に注意せば必ず、精良の酒を醸出するを得るに至るべしと信ぜり。

第一　醸酒をして腐敗原因に触れしめざること

第二　醸酒を冷して腐敗原因を生長せしめざること
第三　醸酒を熱して腐敗の原因を消滅すること
第四　醸酒に防腐剤を加うること

以上、陳述したる四項の目的を完全に達せんため、余は種々考案をめぐらしおりしが、ついに自ら一の防腐器を製出し、これを高峰防腐器と名付けしこともあり。これは追々に陳すべしといえども、今まず火入れの改良法と貯蔵桶酒掃のこと等を弁ぜん。

火入れの改良　方今、わが邦酒造家の実際を見るに、酒に火を入るるとき、まず現物を貯桶より大釜に移し、これを熱して百度ないし百三十度〔摂氏三七—五四度〕の点に達せしむるを度とし、さらに小桶に汲み上げ担いて大桶に移し、その大桶の蓋に目塗をなし、もってこれを貯うを常とするがごとし。かくのごとき法にてはただに酒精分の揮発するのみならず、あるいは時として熱度の超過より一種の焦臭を帯ぶるに至ることあり。また、火入れの際、多少の酒量を減少すべきなり。よりて左に図解をもって火入れ改良の方法を示す。

第一図中、(イ)は鉛製、あるいは銅製の長蛇管にして、内面に錫を鍍〔メッキ〕す。(ロ)は通常の大釜にして、湯を沸かし、もって蛇管を熱するに供す。釜中に木製の台

を設け、上にその蛇管を回し、管の一端は（ハ）の桶に通じ、これに塞子〔弁〕（ニ）を付し、また一端は（ホ）の桶に通じ、（ヘ）の寒暖計を安置す。（チ）は（ホ）の酒を受け、これを貯桶に移すの器なり。（ホ）と（チ）の間の管にも塞子を設くること（ヌ）のごとし。

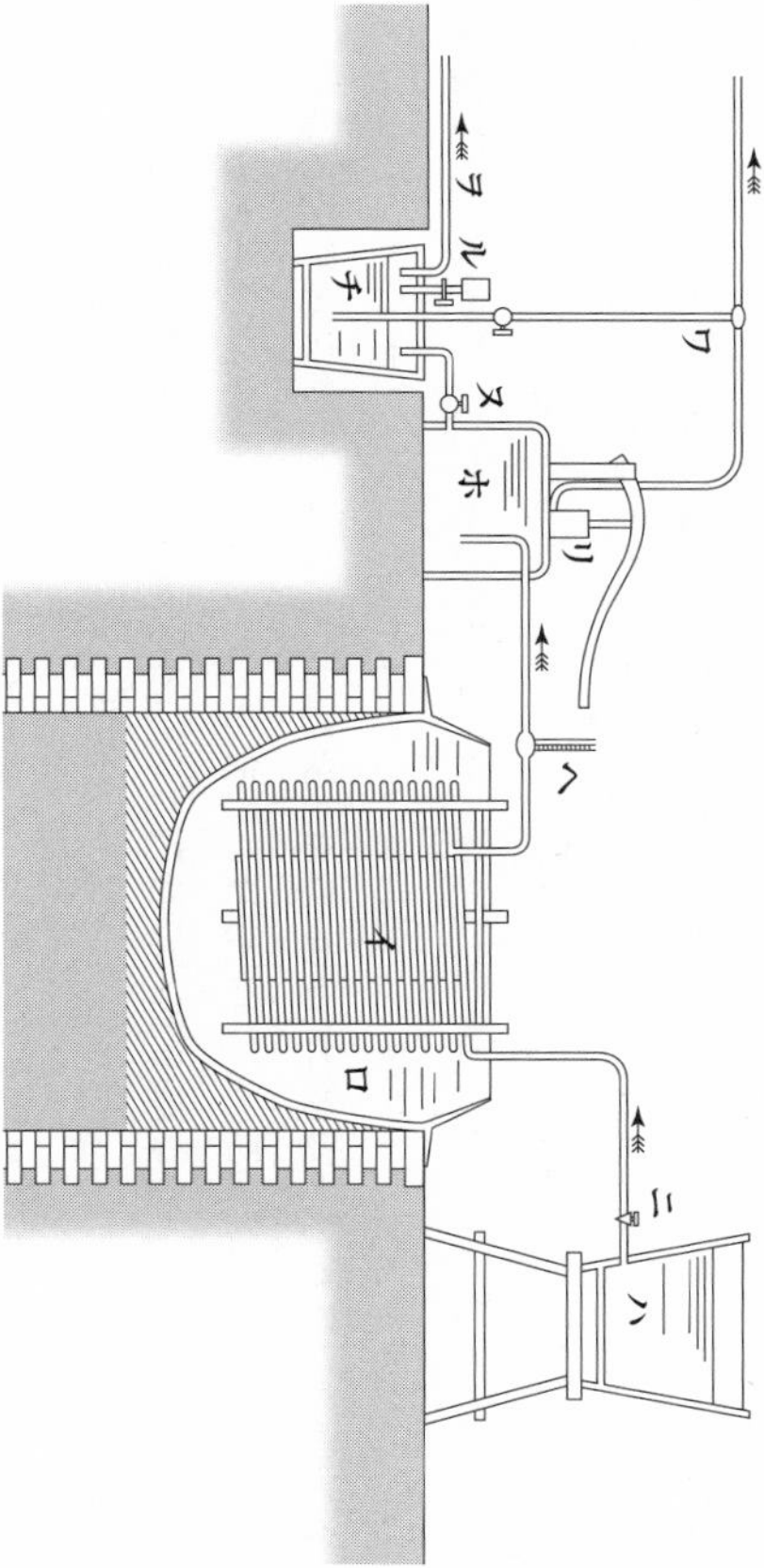

〔第一図〕

さて、火を入れんと欲するときは、まず酒を(ハ)の桶に汲み入れ(この法、常のごとし)、(ニ)の塞子を開き、これを釜中の蛇管に通いし湯を沸騰し、酒の熱度、すなわち寒暖計の定点に昇るをもって度とす。これにおいて酒中既存の「バクテリヤ」はことごとく蒸死すべし。さて、その(ホ)の桶にはかねて(リ)の防腐器を施し、もって入るところの空気を洗浄し、さらに(ヌ)の塞子を開きてこれを(チ)の器内に注ぎ入るべし。(チ)にもまた(ル)なる防腐器を施す。これに至りて毫も「バクテリヤ」を含まざる清潔純粋の酒を得。これを貯桶に移すには気喞筒(きしょくとう)〔エアポンプ〕(これにも防腐を付す)を用い、清浄の空気を(ヲ)の管より(チ)の器内に通じ、圧力によりて酒を(ワ)の管に登らしめ、もって貯桶に流入せしめ、または(ホ)の桶より喞筒にて直に貯桶へ流入せしむ。これすなわち、火入れ改良法の概略なり。ただし、この法は従来のものに比せば、酒精分を揮発すること稀なれば、酒量の減ずること甚だ少なし。しかのみならず、毫も「バクテリヤ」に侵入せらるるともなく、その焦臭を来すの患もなきゆえ、極めて良法なりと信ず。

貯蔵桶酒掃　貯蔵桶酒掃および目塗は醸酒防腐術中、欠くべからざるの件にて、醸酒家の注意せざるべからざるものとす。従来、熱湯をもって桶内を洗い乾かして後、酒を瀉し〔注ぎ〕、蓋をなし、紙および糊をもって密封するといえども、これまた甚だ不完全の法といわざるべからず。ゆえに桶は従前のごとく、湯にてよく洗い、その後、大釜に湯を沸かし、その蒸気を桶の内に導き、数十分時を経てこれを日光に乾かし、酒を瀉さんとするに当って、再び蒸気を静め、その熱するを待ちて、立て〔縦〕に防腐器を施すべし。これ、蒸気熱をもって「バクテリヤ」を消滅し、ふたたびこれを桶内に容れしめざる装置にして、その火入れに用うる(ホ)と(チ)の器もまた、この法をもって洗うべし。さて、改良桶の製法は第二図のごとく、

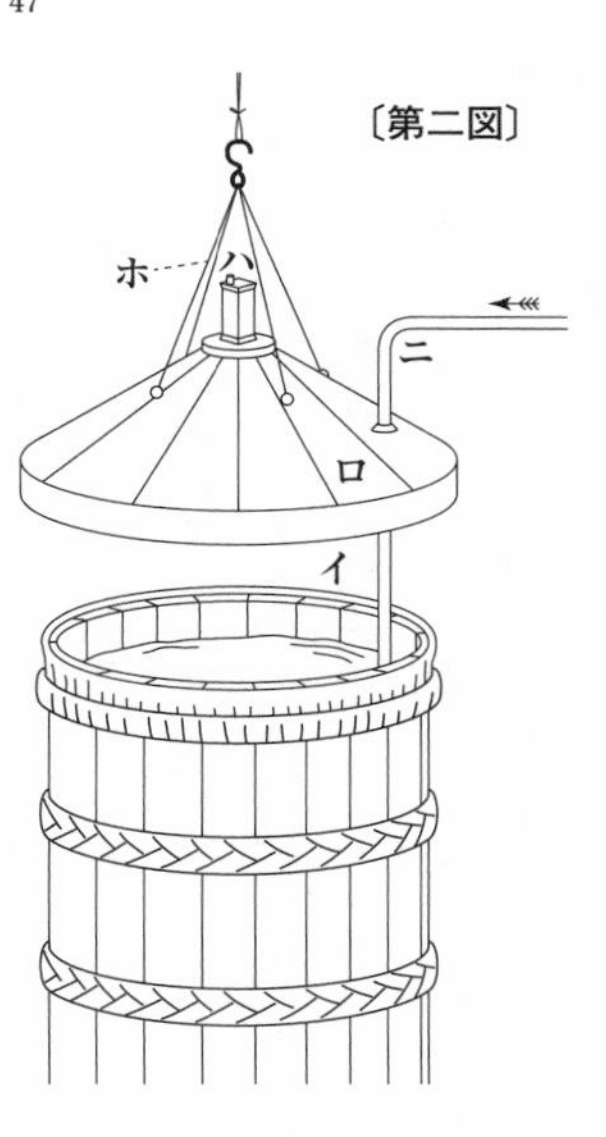

〔第二図〕

従前の桶の縁に(イ)のごとき溝を設くるにあらざれば(この法なれば溝の内面に漆を塗るべし)、また桶の周囲に鉛製の樋を作り、この樋の中には水を盛り、この水の内へ蓋の下端を挿入する装置なり。(ロ)の蓋は亜鉛板か、あるいは「ブリッキ〔ブリキ〕」をもって製し、その

中央に(ハ)の防腐器を施し、また蓋の一所には穴を穿ち、前図の(ワ)の管をこれに付し、もって火を入れたる純粋の酒を貯桶に瀉す。(ニ)の管なり。(ホ)は蓋を上下する綱にして、この桶の周囲ならびに底における板の接目は漆のごときものを塗り、よく密塞するを緊要とす。かくのごとくせば、決して「バクテリヤ」の侵入あることなし。

防腐剤　輓今、酒に防腐剤を加うるものあれども、あるいは人身に害を与うること少なしとせず。ただ、水楊酸(サリチル酸)は無害にして腐敗を防ぐの功、最も著しとす。余は四、五年前より種々実験せしに、水楊酸五匁(一八・七五グラム)を清酒一石に和するを適当とす。しかれどもいかんせん、月日を経過するうち、酒色日を逐て黄より茶褐色に変ずるの憂あるを免れず。

以上、清酒醸造上の改良すべき点はみな、余の考案に係るものなりといえども、これよりまた余が工夫して殊更に高峰防腐器と命ぜしもの、すなわち前の第一、および第二図の装置中に、すでにその大略を掲げたるものの詳細を陳せんと欲するなり。

高峰防腐器　それ醸酒腐敗の原因たる、前に述べしごとく「バクテリヤ」なれば、これを防ぐの方法を求めざるべからず。余は数年前、第三図のごとき清酒防腐器を発明せり。すなわち、空気中に散乱する腐原を漉し去り、もって酒に清潔純良の空気を触れしめ、また防腐剤を用ゆるがごとき酒中に他物を混するの患なきなり。しかれども、この器を用ゆるの前に先〔立〕ち、桶の掃除蓋の目塗、あるいは火入れの方法に注意せずんば、この器も無効に属すべし。ゆえに、まず貯桶を掃除して、これに蓄わえなば、清酒の一度火入れをなせしものでさえあらんには、絶えて腐敗を来すことなし。しかのみならず、前に述べし木蓋をもって貯桶を覆い、この防腐器を蓋の上に備えた

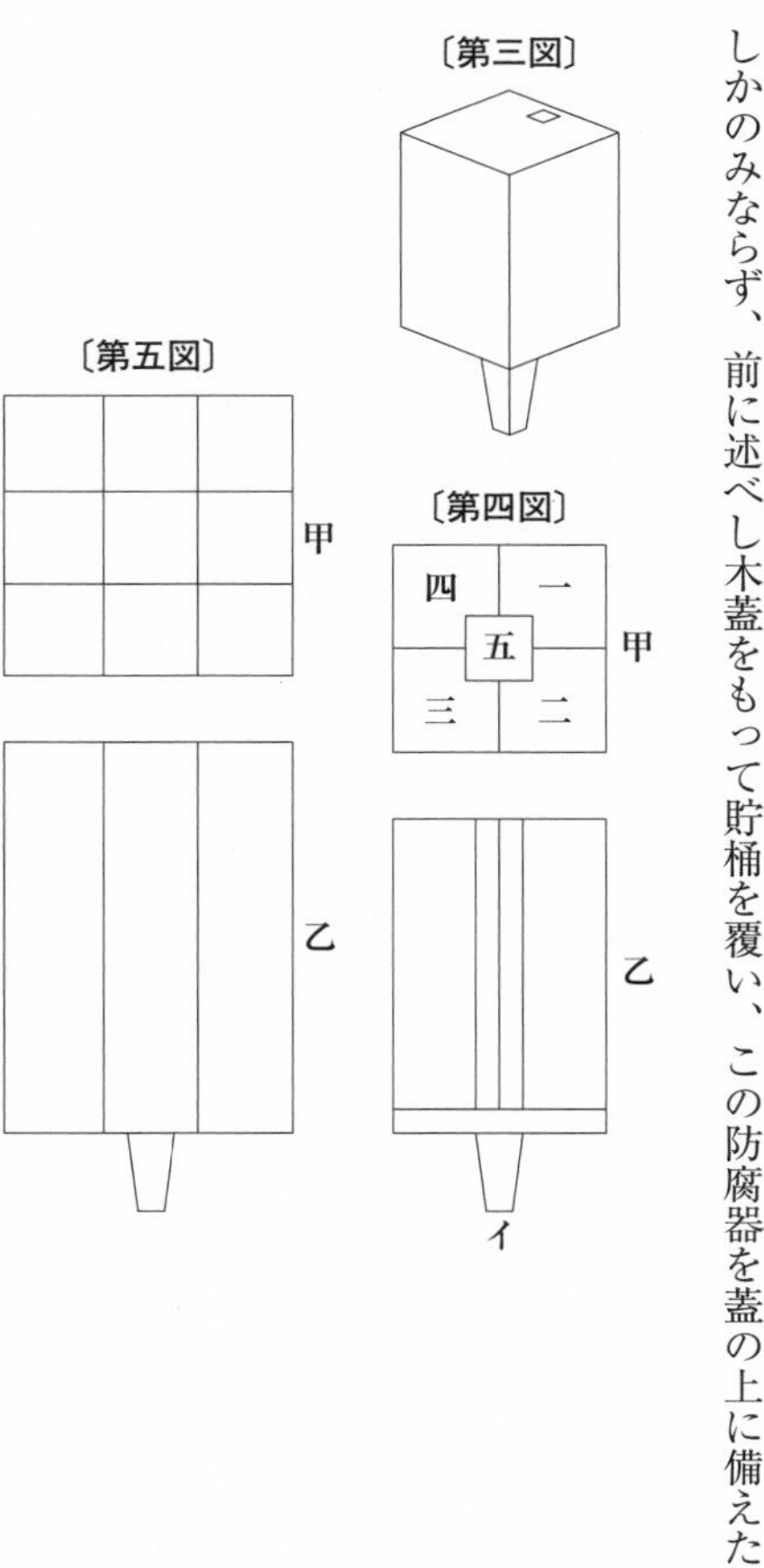

らんには、桶内に出入りするの空気、必ずこの器を通せざるをえざるゆえ、腐原は桶の掃除、あるいは火入れ等のため必ずすでに消滅し、その腐敗を防ぐべきは断じて疑わざるなり。しかれども、火入れをおわりて後、桶の中に〔酒を〕瀉すとき多少の空気に触るるを免れず。ゆえに、従来、年四度の火入れを施せしものなれば一度、あるいは二度にして、これに代わるを得べし。すなわち、第三図は防腐器の外面を示し、第四図はその内面装置を示せしものなり。箱内を分かって五部とし、第一部に木綿を充たし、第二部に「グリスリン〔グリセリン〕」あるいは砂糖密にて湿したる「コーク」を充たし、第三および第四部には第二部と同じく、第五部は第一部と同じくまた木綿を充たすなり。要するに、桶に入らんと欲する空気は、まず一部より二部に移り、三、四、五部を経てついに「イ」なる嘴子〔ノズル〕より桶内に入るなり。ゆえに、その間、空気中に一の塵埃、あるいは腐原あるにもせよ、その木綿もしくは「グリスリン」に付着しおわる。よりて桶内に入る空気は必ず純然たるものなり。

第四図は、余がかつて売酒店四斗樽にて試験せしものにして、その径四寸余〔約一二センチ〕、その高さ六寸余〔約一八センチ〕、これを樽の上部に据え置き、注管より酒を出すに従い、交代すべき空気は必ず該器を過ぎ来れり。いま、売酒店、通常一般の

腐敗の度をうかがうに、暑中にありては六、七日を経過するに従いて腐敗を起こさざるもの、甚だ稀なるがごとしといえども、該器を用いしものは十日以上にして腐敗を起こせしことなし。しかれども、売酒店はおおむね問屋より受くるに当たり、その可否を試みんがため桶側に穴をうがち、甚だしきものはその数四、五に及べるものあり。かくのごときは、ために腐敗の原因を含むもの多きをもって、該器にては四斗樽に施すも完全の防腐をなすや否やは未だ知るべからざるも、また腐敗の期を遅延しうるならん。蓋し、第四図はただ四斗樽に試みしものなるがゆえに、その形やや似たれども、貯桶の大小に従い該器もまたその形を大小にせざるべからず。第五図はすなわち、貯桶に用ゆるものとす。

　以上、清酒醸造法の改良は方今の急務たるを信ずるによりて、冗長を顧みず陳述せり。請う、諸君は愚見を酌量し、長を取り短を補い、なお将来の改良に注意し、黽勉（びんべん）その職に従事せば、他日驚くべく畏るべき善良なる新発明を得ること期して待つべきのみ。

初出『万年会報告』6巻10号（一八八四年）

演説　天然瓦斯

小生、この頃、信州地方を巡回せし折、ところどころ天然瓦斯〔ガス〕の出る処を一見し、また近頃、越後地方にて多量の天然瓦斯を吹き出す箇所を発見せしとて、これを利用して硝子〔ガラス〕を製するとか、近傍の市に引くとかにて、多少資金も費やし、またこの上試掘にも着手するとかいう。もし多量の瓦斯を得ることを得ば、工業進歩の一大基礎ともなるべき事柄ならんと考えられしゆえに、小生が一昨年、米国ピッツバルグ〔ピッツバーグ〕府にて見聞したる天然瓦斯の応用等の模様を述べ、諸君のご参考に供し、同時に本邦の天然瓦斯は工業的に重みを有するものなるか否やを諸君にお尋ね申すのみ。そも米国の諸工業の驚くべき速力をもって増進せしは何故ならんかと考うるに、有名なる米人の発明が機械的思想および堪忍の他に二種の原因あるように思われたり。その一は大資本にしてその資金の容易に得らるべき有様なること(外見かも知らぬが)、その二は土地の天然に肥沃なること。

米国において一事業を企てるに当たり、資本を募集するの易きこと、本邦の比類にあらずして、たとい少々先の暗き事業にても好結果(プロバブルソクセス)を得られそうだくらいのところにて充分の資金を出すものが沢山あるようなり。これは第二の原因に帰するものにて、もし損すれば土地耕作に従事して取り返すこと易しゆえに、出金するも易しという模様なるがごとし。天然瓦斯に掘り当たりたるも、今日の盛大を致したるも、また前記のごとき企ての結果なるべしと思われたり。

ピッツバルグはおよそ人口三十万の府にて、石炭谷の中央にありて二河に接し十二線の鉄道ここに集まり、同府物産の年額一億八千百万弗(ドル)(一八八四年)、職人の数七万五千、工場の数三千六百余なり。そのうち五割は製鉄および機械製造所、炭鉱一割、硝子製造所四分にして、残る三割六分は他の諸工業なりという。実際、該府の一方にある小山に登り全市を見下ろせば、烟筒(煙突)の数ほとんど無数にして驚くに堪えたり。ここにおいて、たちまち感ずることあり。かくのごとき無数の烟筒ありて割合に空気の透明なるは、他に有名なる工業地方に見ざるところなるが、これ消烟法の完全したるにあらずして、瓦斯を使用する結果なり。

天然瓦斯の発見は甚だ古く、かつ地球上ところどころにありて、越後の草生水(くそうず)のもの、その一なりとす。しかれども、工業的応用盛んに到りくるは、わずか近年のことにて、今を去る十九年前、米国有名なる化学者は燃料として瓦斯効能を示せしも、これに応ずるものなく、一八七八年、ピッツバルグ府近傍に油井試坑の際、四百尺〔約一二〇メートル〕の深さに至り瓦斯を発し、あたかも錘を空中に吹き上げたるがごとき高圧力にて、夜中は数里を照らし諸人の注意を引き起こしたり。しかりといえども、その全量の多少に至りては、これを判定すること難きと。これを利用するにあたり資金の大なると。かつ当時、石炭骸炭〔一噸〔トン〕の価九十仙〔セント〕〕の価非常の廉価なりしをもって、さすがの米国人も着手に躊躇せしなりという。一八八三年に到りて始めて鉄管を伏せ、これをピッツバルグ府に引用せり。〔一八〕八四年に到り、有名なるウエスチングハウス井に掘り当たり、これより工業および家事上の応用盛んになり始めたり。瓦斯の主成分はマーシガスにて、その含有割合一定ならず。ときどきその割合を変ずるもののごとし。フオルト氏の六分析の平均数、左のごとし。

瓦斯比重(空気上)〇・四九七

	百分率数〔%〕
マーシガス　CH_4	六七・〇〇
水素　H	二二・〇〇
窒素　N	三・〇〇
イセリックハイドライド　C_2H_6	五・〇〇
オレフイヤントガス　C_2H_4	一・〇〇
酸化炭素　CO	〇・六〇
炭酸　CO_2	〇・六〇

また、他の分析者の結果は左のごとし。

	百分率数〔%〕
マーシガス　CH_4	六〇より八〇、
水素　H	五より二〇、
窒素　N	一より一二、
イセリックハイドライド　C_2H_6	一より八、

プロペーン　C_3H_8　　　○より二、
炭酸　CO_2　　　○・三より二、
酸化炭素　CO　　　痕跡

瓦斯を含有する地層は通常、千呎〔フィート〕より三千呎〔約三〇〇―九〇〇メートル〕の深さにありて、多くは砂石〔サンドストン〕中に含まれ、稀に袋状〔ポッケット〕に存するあり。

瓦斯井を掘るにはおよそ七十尺〔約二一メートル〕の櫓〔デリツキ〕を築き、まず六十尺より九十尺〔約一八―二七メートル〕くらいは鉄管を打ち込み、岩石に達するに至れば重量二千より三千斤〔約一二〇〇―一八〇〇キログラム〕の錘を下し、四、五尺〔約一・二―一・五メートル〕を上下して掘り下げるなり。出水あるときはなお鉄管をもってこれを防ぐなり。一井を掘るの時日は四十日より六十日にして一尺一弗半より二弗なりとす。

瓦斯の圧力は高圧低圧の二種あれども、ピッツボルク〔ピッツバーグ〕近傍の井戸、多くは高圧井にして、一寸平方に百五十磅〔ポンド〕より七百磅を位すという。ある時、瓦斯井、雷のために火を引きしことありて、その炎の長さ九十呎〔約二七メートル〕余ありその火を消すに困難したりという。また、瓦斯井出口近傍の鉄管には暑中といえども外面氷にて包まるるというをもって高圧なることを知るに足る。

瓦斯吹き出しの量は最も多きもの一日二千五百万立方呎、上等の分千二百万〔立方〕呎を出すという。瓦斯井の位置は同府を距たること十五哩〔マイル〕より二十五哩〔約二四—四〇キロメートル〕のところにして、一尺径の鉄管にて一哩につきおよそ七「ポンド」の圧力を減ずという。瓦斯管の直径は三十吋〔インチ。約七六センチ〕より三吋〔約七・六センチ〕にして、直径八吋〔約二〇センチ〕より一呎〔約三〇センチ〕のものにて一哩を布設するの費用、八千より一万二千弗なりという。管は通常、地下二呎より五呎〔約〇・六—一・五メートル〕のところに埋める由。途中ところどころに安全弁を備え、需用の多少に応じ圧力を加減す。市中の圧力は十五磅を経過せしむべからざるの規則なり。

天然瓦斯の熱力につきてはレスレー氏の計算によれば、

石炭一磅は瓦斯の二十五立方呎と同量目なり

石炭一磅の熱力は瓦斯の七半立方呎に同じ

瓦斯千立方呎の熱位数〔ヒートユニット〕は二一〇、〇五九、六〇四〔二億一〇〇五万九六〇四〕にしてその量目三十八磅なり。しかして同量目炭素の熱位は一三九、三九八、八九六〔一億三九三九万八八九六〕なり。ゆえに千立方呎の瓦斯は石炭の五十五〔五七〕磅に同じ。

天然瓦斯は硫黄を含有せざるがゆえ無臭にして鉄鋼鉄硝子等を製するに最も適当し、蒸気缶その他、熱度の加減自在にして、かつ人夫を省くこと大なり。同府〔ピッツバーグ〕中、職工の数およそ五千人を減ずべしという。

同府近在カーンスボルグにて瓦斯の価格は左のごとし。

理ストーブ料一台につき一ケ月一弗

室内ストーブ同　七十五銭

瓦斯口　一個　十五銭

ピッツバルグ府内の瓦斯代はやや前記のものよりも高値なりという。

一戸ごとに瓦斯会社と約束するもののごとくにして、ある壮大なる一家にして厩草花室付属長屋等あるところにして一ケ年九十五弗を払うと言えり。当時は瓦斯を計る等、精密なる仕掛けなしといえども、追々は瓦斯計器を用い千立方の価六、七仙くらいに取り極むるの見込みなりと言えり。

当時の有様にては瓦斯の用法ははなはだ粗にして、日々無益の消失高一億立方尺を下らずという。これにて石炭に算すれば、六千六百六十七噸となる。一噸二弗とすれば、日々の損失一万三千弗に相当す。

当時、瓦斯会社中、最も大なるものはヒラデルヒヤ〔フィラデルフィア〕会社と称するものにして、資本金は七百五十万円、昨年は八十四万余弗の利益配当をなし、なお十七万余弗の積立金を成したり。

同社所轄の瓦斯管中、最も大なるものは直径三十吋〔約七六センチ〕にして二哩〔約三・二キロメートル〕余、径二十四〔約六〇センチ〕および二十吋〔約五〇センチ〕のもの各十五哩〔約二四キロメートル〕ずつ、八吋〔約二〇センチ〕のもの百五十五哩〔約二四九キロメートル〕、その他合わせて四百七十二哩〔約七五九キロメートル〕なり。井戸の数は計百十二なり。同社の瓦斯を使用する製造所の数は六百七十八ケ所にして、住まい家の数は一万一千六百余軒もって大体をうかがうに足る。

五、六年以前、同府石炭の需用は日々三万噸を下らざりしという。当今に至りては、少なくもその三分の二は瓦斯をもって代用するに至るべし。すなわち、日々瓦斯の需用高は三億三千万立方呎以上なるべしと思わる。

今夕着席〔の〕前正員杉山輯吉君より支那国〔原文ママ。中国〕天然瓦斯と題したる一書を送られたり。米国よりなお一層近所ゆえ幾分か日本天然瓦斯にも望みを属するの種にもならんか（学理的の言ならざれども）。とにかくその大略を記せば、

ツウリンツイン市近傍のスッチュワンというところは塩井に富みたる場所にて、地面を下ること七百呎〔約二一三メートル〕より千呎〔約三〇四メートル〕にして塩水に達し、なお千八百〔約五四八メートル〕より二千呎〔約六〇九メートル〕に到り、天然瓦斯を発したり。これを竹管をもって導き、塩水蒸発に使用すという。瓦斯井の数は二十四ありて塩井は無数なり云々。

前記のごとき次第なれば、掘ってみて瓦斯が出ずとも後腹の痛まぬ金持ち諸君と地質学、機械学等に長じたる諸君とに望む、充分なる試掘をなさんことを。

初出『工学会誌』95巻（一八八九年）

演説　人造肥料の説

諸君、余はここに掲出せる人造肥料の説を陳べんとすれども、〔自分は〕いかにも不弁なれば諸君に聴聞の快味を与うること甚だ難ければ、これを恕せられんことを請う。さて、余はこれを説くに先立ち、何故に余が人造肥料を製造するに至りしや、また人造肥料とはいかなるものなるやを説かんと欲するなり。余かつて思いらく、近年欧米と交通を開くに至りしより、法律なり商売なり工業なり、事々物々進歩して、維新前と今日とを比較すれば実に非常の相違あり。しかるに、識者の論弁するがごとく、国家の基本たる農業の進歩に至りては誠に僅々にすぎず、もし今日のままにて推し移らば、結局、農家はいかなる影響を被るべきや、いまだ知るべからず。世の有様を見るに、かの工業者の原料は多くは農産物なり。この農産物を基として製造せし物品が商業を営める人の手に渡りて商売品となり、ついに再び農家に帰り来るなり。すなわち、紡績織物の例（ためし）を見るも、その原料たる綿は農家の産に係り、これを工業者が織物として商売人に渡せば、商売人はこれを処々に運搬して鬻（ひさ）ぎ、しかしてその華客多くは農家なり。かくのごとき有様にて工商業者は追々進歩し巧みに多くの物品を農家に売りつけて、その懐の金を取り込まんとし、工業者にして従来物品の製造上、多くの時間を省き、また労力に代わるに機械をもってする等、漸次改良を施し、もって低廉にして品質の佳良なるものを製造し、これを農家に売りつけんとするの有様になりおれり。元来、人の性質は目の前にきれいなる品、甘きものあるを見ては、つい己の懐中の都合をも考えずしてこれを買い、これを食うに至りやすきなり。いま工業者、商業者はこのきれいなる物品を供給し、農家の金銭を取り込まんとするの有様あるに、かえりて農家の情況如何を考うれば、農家においては目前のきれいに迷い、所有の金銭はことごとくこれを消費して、己の欲を満たさんとせり。なるほど、所有の金銭ある間はかくのごとくなるもまた可なれども、後に至りては目の前に買わんと欲する品物は沢山なるも、これを買うの金銭を出すところなきに至るべし。されば農家をしてこれを買うの金銭を得せしむるには農業上の進歩を図り、従前よりは多分に金銭を得るの法を講ぜざるべからず。農家の急務は実に金銭を多分に得せしむるにあるなりゆえに、いやしくも農家の財嚢を充たすの道あらんには、たとえ一小部分のことといえども、その利を収めんことに力を尽くさざるべからず。しかして、直接に農家の財嚢に関係を有するは肥料なり。肥料は種子を播きて苗を得ると同様の理屈にして、作物より十分の収穫を得んことを望まば、またまた十分の肥料を施さざるべからず。すなわち、世俗に言うところの播かぬ種子は萌えぬの道理なるをもって、善良の肥料を施さざれば十分の収穫を得ることあたわざるなり。これゆえに肥料の農家におけるは、すこぶる大切のものにして、農家においてもまた、あえてこれをゆるがせに付せざりしといえども、従来、農家の肥料代として費せしところは小少の額に止まらず。その額はもとより作物によりて多少相違あれども、概して生産額の二割ないし三割の多きにおれり。これ農家の生産上大なる影響を蒙るものにして、今日、肥料の改良を計らざるべからざる所以なり。あるいは地味豊饒のゆえをもってこれを軽視するもののなきにあらねど、日本の土地は場所によりては数百年、あるいは数千年来耕作に用いおるところもあり。かく久しく用い来れる土地なれば、いかに豊饒の地味なるも同じ土地にたえず作物を生ずべきの理なし。再言すれば、地下より万古無窮、肥料を湧き出するの理なければ、もしその地面はもと肥料分の結塊なりきとするも、今日に及んではすでにその肥料分は尽き去りたるべし。いわんや、その肥料分は土地の全体に比較すれば僅少の分量を占めし事実あるにおいてをや。しかして今、日本においてこの必要なる肥料の有様を考うるに、日本の耕作地の面積に対する肥料の分量は実に僅々にして価貴(たか)く、価貴き肥料を用ゆれば、したがって農家の利を薄くする有様なり。ゆえにその肥料の上において農家のために益を得せしめんことを図るには、まず第一に多量に得られ、第二価廉(やす)く、第三効験多きの三ケ条を備えたる肥料を求めざるべからず。かくのごとき肥料はひとり、これを施せし土地を沃すのみならず、農家の財嚢をも豊裕ならしむるところのものなるべしと信ずるなり。すでに日本においては田地の面積に対し肥料少なしとすれば、日本国中にていかにやりくりをなすも到底、ある地方にて生ぜしところのものを、またある地方に持ち行きて施すに止まれり。ゆえに、糠、油粕、厩肥(きゅうひ)のごときは、余これを称して運転肥料と言うなり。この運転肥料たる日本全体の上よりいえば決して地味を肥沃ならしむべきものにあらず。これをもって他より得べき肥料は、ただ山より刈り来たるの草と、海より捕うるところの魚類とのほかはこれなき姿なり。しかのみならず、北海道およびその他の地方より漁猟するところの魚類等は、これを一反歩の面積に割り付け見るときは、これまた実に僅少なるものなり。かくのごとく内地に肥料とすべき原料少なき時は、広く眼を世界の各地に注ぎ、その価廉にして効験著しく、かつ多量なる物品を求めざるべからず。この三ケ条をさえ備えおるものなれば、いずこより持ち来たるも決して差し支えあらざるなり。しかして、かくのごとき肥料を求むるには、いかにして可なるやというに、まず植物は果たしていかなる成分より成れるものなるを知るを要す。すなわち、まず農学上の収穫物を分析せば、その物たる何々の原質を含みおるをもって、この肥料はすなわちその原質を含むところの何々物品を用ゆべきをしるべし。蓋し、その原質たるや、燐酸、窒素、およびポッタース〔カリウム〕等の三者なりとす。この三者は植物の成長に欠くべからざるものにして、土地には必ずこれを含みおれども、その分量は少小にして限りあるがゆえに、人力をもって十分にこれを施さざるべからざるものなり。さればひと口にこの三成分を称してただちに肥料と言うも可なり。それすでにこの三者の植物成分たることを知る以上は、あるいは亜米利加〔アメリカ〕にとり、あるいは独逸〔ドイツ〕にとるも、ただその価の廉にして、かつ多量にこれを得べくんば毫も妨げあることなし。ただし、従来の肥料とても三者より成るものにほかならざりしなり。今、この意をもって広く世界に求むるに、燐酸分は亜米利加において前世界の動物の粕〔化石〕が、地中より石炭あるいは砂利を掘り出すがごとく多量に産出す。価もまた甚だ廉なれば、運賃を払うて輸入するも従来の肥料より得るところの燐酸分と比較すれば、かえって廉価なり。そは米の産地にして有名なる「カロライナ」州より産するものにして、これを称して燐酸石灰と言う。また、他の一成分たる「ポッタース」は木の葉、あるいは草に含みおるところの原分にして、従来、農家が灰をもって肥料に施せるは、その中に含むところの「ポッタース」を利用するものにして、その用はすでに久しくわが農民に知られおるなり。しかして、外国においては独逸の山中よりあたかも石炭を出すがごとく佳良の「ポッタース」を産出せり。これまた従来使用しおるところの灰のごとき品物を使用するに比し、その運賃を払うてもなお廉価に輸入するを得べし。これらの物質は近頃始めて亜米利加および独逸より産出するものにあらず。欧米の農家は数十年、あるいは百年近き以前より学術を実地に応用して植物の成分はかよう、肥料はかようなりと知ることを得たるより、人造肥料は種々の方法によりて行われ、しかして在来の肥料よりは効能著大なること明らかなるに至れり。ゆえに余はかの地に赴きて、これを伝習せしをもってこれを日本の農業にも適用せざるべからざるを思えり。さてまた、今ひとつの成分たる窒素の成分はいずれにありやといえば、窒素は動物性の中に含みおるものにして日本に多く、海産物中より取るところの魚粕〔魚粉〕はすなわち、これに富むものなり。そのほか、これまで自在に利用するあたわざりし腐敗せる動物等もこれを利用するを得。これを前二者に配分すれば、すなわち三種の成分を得るの都合よろしきを考え、もって人造肥料を製造することに決したりき。さて、ここに考えざるべからざることあり。すなわち、肥料は三成分よりなるものなれば、この三成分をさえ含みおるときは同一の調合法にていずれの植物にも適するや否やというの一事なり。いかに三成分なりとて、さようにうまく行くものにあらず。あたかも動物中においても、馬と虎とはその種類異なるがごとく、その食物も異なり、たとえば馬の食物をもって虎を飼うも充分成長せざるがごとく、植物にても桑は桑、米は米の肥料を施さざるべからず。かつ、その肥料には前述の三成分を含むことを要するには相違なしといえども、その分量の割合を異にすべきものなり。これによりて、各植物に適当なる分量を調合せしところの肥料を称して、これを人造肥料と言う。この人造肥料なる品物は甚だ新奇なるがごとく聞こうれども、その成分上よりいえば決して新奇なるものにあらず。ただ、これ従来の肥料に比すれば少量に用ゆるも農家をして多くの益を得せしむるよう趣向を改めしものにすぎず。ゆえに、これを製造するに当たりては、なるべくその成分を精製して、余計なる品物を混合せしめざらんことを勉むるなり。もし余計なる混合物を加うれば、運搬上はなはだ不便にして損失を来すがためなり。この趣旨をもって、できうるかぎり力を致してそれぞれ調合の上、各種の肥料を製したる。すなわち、かくのごとく十数個の瓶中に容れたるものは、各成分混合の割合を異にし、みな植物の類によりて施し用ゆるなり(このとき、十数個の小瓶に容れてある各種の肥料を手に取り上げて示す)。余は一昨年来、欧米を巡回し、かの地において数十年経験して好結果を得たるところのものを見、かつ学びたれば、国の益をはかるところの諸氏と共に東京深川釜屋堀に人造肥料会社を起こせり。しかして昨年来、それぞれ適当の肥料を調合し、試験のため各地に差し出せしが、なかんずく、桑の肥料のごときは一も不良の結果を報ぜしものあらず。ことごとく在来たりの肥料よりは功験多しとの報道を得たり。当地方のごときは養蚕最も盛んなる地方なれば、養蚕法はもちろん、桑の性質および栽培等も研究せらるべきをもって、余はわれらが企図せる大体の目的および肥料を製造するの梗概を説かんと欲して、諸君の耳を汚せり。願わくば、余らが精神を賛助あらんことを切望の至りに堪えざるなり。（演じ終わって広告数百枚を聴衆に与えしが、甲乙これを取らんと争うて裂きたるもありき。）

田島棟平編『実地養蚕演説』文友堂（一八八九年）より転載

2　アメリカでの発明活動

自家発見の麴ならびに臓器の主成分について

久しぶりで今日、諸君の前に立ってお話しする栄を得ましたのは、私にとっては実に光栄であります。また非常にうれしく考えまするのであります。

私はこの工学会の初め立ちました時には、発起人の一人でありましたが、この十二、三年前から米国へ参っておりまして、その間に詰まらないことを二つ三つ発見いたしましたことがありまするので、その大略を摘まんで今日、諸君に申し上げたいと思います。この演題にありますとおり、私の発見の麴ならびに臓器の主成分についてお話をいたします。

自家発見の麴と申しまするると、つまりその糖化法の新法でございます。糖化法と申しまするのは澱粉質(でんぷん)の物を砂糖に変えまするので、その方法につきましてはおよそ十

七、八年前から、種々の研究をいたしておりましたのであります。それで日本の方法と欧米に実地行っておる方法を比較いたしましたところが、私の考えでは日本で行う方法は、あるいは欧米でその節行っておりました方法より良かろうというのが考えの本であります。一体、糖化方法と申しますると、大別して三種類ありますと思います。第一の方法は鉱物性の方法で、その次は動物性の糖化法、それから第三は植物性の糖化法であります。

第一の鉱物性の糖化法と申しまするると、澱粉質の物を薄い酸で煮ます。すなわち、硫酸あるいは塩酸のような酸類で煮まするると、その澱粉が砂糖に変わります。しかしながら、この方法は今日、砂糖の類を拵えますには欧米でも実地に応用しておりますが、醸造法に応用することはできませぬ。

その次は一番古い方法でありまして、動物性の方法であります。すなわち、われわれが日々三度の食事をいたす、その食事の中の少なくも三分の二は澱粉質の食物であります。東洋の人であれば米、欧米の人ならば芋あるいは麵麭〔パン〕を食べるその澱粉が滋養分になろうというには、一遍砂糖に変わらなければならない。その変化はすなわち、唾の中にありますところの唾のダイアステース〔ジアスターゼ〕というものが砂糖に変えます。それでこの方法はもとより、われわれの生活に一番必要なものでありまするけれども、これを工業者が醸造に応用することは無論、目下できないのであります。昔はそういうことが野蛮人の中にはあったと申すことであります。また目下でも印度〔インド〕地方のごく野蛮なところ〔原文ママ〕へ行くと動物の唾の中のダイアステースを実地に使用しておるところがあるそうであります。簡単にお話しすれば野蛮人が麦であれ米であれ集めて、それを相当の器で煮て、そうして隣近所へ案内をして、みんな寄って唾を吐き込む。そうすると、しばらくの間にその澱粉が砂糖に変わる。それで三、四日あるいは一週間ぐらいの末には、それがアルコール類の品物となる。そこで招待状を出すかどうか知りませぬが、その家に寄って飲むという話であります。ところが今日の世の中では無論、そういうことは行われない。どうしてもアルコール、砂糖類を拵えるには、もう少しダイヤ〔ア〕ステースの原因を見つけなければならない。それには第三、植物性の糖化剤を利用いたしますのであります。

ご承知のとおり、欧米で澱粉から拵えますところの酒類は、モルトというものの作用によりて澱粉を砂糖に変え、それに発酵母を加えて拵えるのであります。そこでモルトとは何であるかというと、ご承知のとおり、大麦を発芽させますので室の中の暖かいところへ一週間ばかり、相当の方法で置くと、麦が芽を出しかけるその際、一種の糖化力をもった原素ができます。これを俗にダイヤステースと唱えておる。そのモルトを充分拵えて、片方の澱粉質にモルトの汁を加えると、澱粉質が砂糖に変わる。甘くなったところを発酵させると、三日か四日ないし一週間の間に酒に変わるのであります。

そこで何処の人民を見ても酒を飲まない人民はない。日本ではモルトはどうであるかと調べてみると、日本では麹というものを造っておる。麹というものは一体何であるか。これまでの方法によると、よく磨いだ米を蒸して、それを室と称べる暖かい湿った室に入れて置きますると、四十時間ないし六十時間の間に、もともと真っ白で入れた米が天鵞絨〔ビロード〕のように白く艶が出て毛が生えておる、そこでこの時期にその米を取って調べてみると、欧米の方で大麦を発芽させた、いわゆるモルトと同じような効力をもっておる。すなわち、その取り扱いをしておる間に、その米の上に糖化力をもっておるダイアステースというものが発生するのであります。そこで私どもが考えますに、欧米でダイアステースを拵えるには大麦がなければならない。これは農家の一期節を要するものであって、いくら安くなったところが大概限りがある。日本の方法はどうであるかというと、これは学術上で研究してみると、米あるいは麦などへ種麴というものを蒔いて、一種の顕微鏡的植物が発生しておる間に大麦が発芽する時にできる品と同じものができる。欧米ではどうしても大麦を使わなければならないが、これはある度合いより安く拵えることはできない。しかるに、顕微鏡的〔に〕小さい植物は人工の気候で養成することができる。これまでのような米や何か使うておるとよほど高く付くけれども、もし顕微鏡的植物を何か安い物にたくさん生やしてダイアステースを発生させるようなことができたならば、これは大変に宜しいことであろうというのが、私の思いつきました土台であります。それをだんだん研究してみると、どうしても欧羅巴〔ヨーロッパ〕のものよりは安く作らなければならない。それから一歩進みまして、いろいろの材料を試みましたところが、手短に言いまするると、麪麴の粉を拵える麦の皮を米に代用したならばどうであろうかというので、それをやってみまするると、ダイアステースを発生いたしまするることは米より大変強いものができました。強いものができたるのみならず、その材料が非常に安い。麵麴粉製造場の副産物であって、牛馬に喰わして一噸〔トン〕いくらといって売るような安い品物であるから、私の望みがますます強くなりました。それでどうかこれを欧羅巴のモルトの代わりに使用したならば宜しかろう、それから試験の結果が進みまして、単にそのプラン、すなわち麦の皮を麴の代わりに使うばかりでなく、一層進んでその麦の皮で拵えた麴を水で洗い、水で洗うと完全のダイアステースだけは水に溶けてしまう。例えば、麦滓を拵えた麴の茶汁の中にダイアステースが入ってしまいますから、その汁をモルトの代わりに使うのであります、こういう話になった。それからそれをやってみると、あとに滓が残る。滓は何であるかというと、やはり元の糠が後に残るわけである。それでこの糠をそのまま捨てるのは惜しいものである。どうか利用の方法はなかろうかといって、いろいろ研究してみまするると、その一遍麴を生やした糠を搾って、その滓を乾かして、そうしてもう一遍顕微鏡的の前の種を蒔くと、また麴になる。そうしてまたダイアステースの汁が出てくるというわけで、二度も三度も、あるいは五度も六度も使うことができる。そこでまた偶然にも面白いことは、その滓を幾遍でも麴製造に使えば使うほど、その中にある澱粉質がますます減ってしまう。そうして窒素質の成分はその割に減らない。そこで一番仕舞いにはその滓を燥かして、今度はやはり牛馬の食物として使います。使ってみまするると今度は、分析上でもわかりますが、窒素の分量が使えば使うほど割合が増えます。そこで当たり前の値段ならば、一噸

十二、三弗〔ドル〕するものが、四、五遍も使うと一噸十五、六弗、あるいは十七、八弗まで上がる。もっとも、その目方は減ります。始め一噸半くらいのものが三遍も四遍も使うと、一噸くらいになってしまうけれども、そこに残った一噸というものは割合に値がよく売れる。また、醸造場でやっておる麴滓を英吉利〔イギリス〕あたりへ運搬することができる。なぜかならば、窒素質を十二含んでおるものでも二十含んでおるものでも運賃は同じでありますから、割合に強いものを運んだ方が得であります。そういうわけで、つまり麦の糠の価をもその滓を燥かして売れば、いくらか材料の費用に近いものだけ取れるというような有様でありますから、今度はダイアステースの価というものはつまり手間代になるというのが、摘まんだお話であります。そうして試験の結果が五、六人の手を経ても、みな間違いないのであります。米国の醸造家も有望な方法であると言うて、この方法につきまして今日までに試験費として三十万ないし四十万弗の金を使いました。

それから、その内訳の細かいことを申しますと大変長いのでありますが、そういう具合にして拵えました麴の茶の糖化力と、それからモルトの糖化力の結果を比較してみまするると、日本の麴法は澱粉質を溶解する力は大変強うございますけれども、澱粉を砂糖に変える方の力はどうも弱いということを発見いたしました。そこでなるほど、品物は大変安くできるけれども、どうも麹をよほど沢山使わなければならないという困難に遭いました。それがため一時はこの方法は行かないだろうというので、苦しまぎれに種々様々のことを試みてみました。そのうちに幸いに一つの発見をいたしたのであります。ただ今まで申しましたところはつまり日本の麹法であった。それを米に代えるに糠を使い、それを水で洗い出してダイアステース分だけ使うくらいの改良であって、著しい点はなく、ただ常識の応用に止まっておりました。そこで苦しまぎれにいろいろやっておると、これまでなかった一つの事実を発見したのであります。その事実はどういうことであるかというと、一体このひと口にダイアステースと申しておるものも、その中にいろいろの種類がある。また澱粉を砂糖に変えるにもダイアステースという一つのものが、すぐその澱粉を砂糖に変えるかというにそうでない、澱粉を砂糖に変えるにはやはり、いろいろ段立てがある。第一、不溶解澱粉が溶解性の澱粉になる。それがまた一歩進んでデキストリン〔デンプンが分解されて生成する低分子量の物質〕になる。それがまたまた進んで砂糖になる。このごとく三段ありますが、くり返して申しますと澱粉質を液体にするダイアステースがあり、またその液体になったものをデキストリンに変えるものがある。そのデキストリンを砂糖に変える糖化の力を持っておるダイアステースがあるということを発見いたしました。それで、その理に基づいていろいろ試験をしてみましたところが、前に申せしごとく麴は澱粉質を溶解させるダイアステースの力は大変強いけれども、その次に溶解された澱粉を砂糖に変える力がまことに薄い。すなわち、その成分が麴のダイアステースの中には足りませぬから、麴をよほど沢山使わないと目的を達することができない。麴を無闇に沢山使わなければならないということになると、麴は目方に対しては安いようであるけれども、余計使ったときにはそんなわけに行かない。そこでいろいろ研究してみると、これまでにないことを発見いたしました。すなわち、すべて穀物の中にはその砂糖に変えるダイアステースはすでに天然にちゃんと含んでおる。先刻申しましたとおり、大麦からモルトを拵えるのですが、生の大麦の中にはすでに糖化させるダイアステースはちゃんとあるのです。そこでそれを発芽させて何ができるかというと、発芽させる方法のために澱粉質を溶解させるダイアステースのみができる話である。それで、そこがこれまでどういう理屈でありましたか、植物学者でもそれから化学者でもみな一向気がつかないで、発芽させる時分にすべてのダイアステースができるように思っておりました。すなわち、通常の穀物を潰してその汁を取り、これをすぐ澱粉の中へ入れると一向働きがないからダイアステースがないと思っておりましたが、その実、当たり前の植物を潰した洗い汁の中には糖化性のダイアステースは沢山ある。そこで日本風に拵えました麴は、前申したとおり糖化性のダイアステースは割合に少ないけれども、澱粉を溶解させる力は非常に強いものである。そこで今度は日本流に拵えました麴の汁の中へ当たり前の穀物から搾り出した汁を入れます。そうすると今度は、その麴が非常の力になってくるのであります。

私の糖化法は麴についての発明でありまして、世界でもこれまであまり知られておらなかったことであります。その点をちょっとここで試験をしてご覧に入れたいと思います。じつはこの私の醸造法はこの頃中止になっておるところから、公に学会あたりで申したことはありませぬのでありますが、今回は久しぶりで参ったことでありまするの〕で打ち明けたお話をしようと思うております。この理屈はどういうわけであるかというと、これをちょっと形で書いてみる〔図1参照〕と、これは麴の中のダイアステースの成分の割合で、四角なものを四つ書いて、その中に白く印を付けたのは砂糖に変化させるダイアステースの一つのユニットで、澱粉を溶解させるダイアステースが一つの糖化ユニットについて三つのユニットがあるのが日本の麹の成分であります。しかるに、今度は当たり前のモルトはいかにというに、図〔図2参照〕のごとく糖化ダイアステースの一ユニットに対して澱粉を溶解させるところのダイアステースが一ユニットと結び付いておるようなわけで、これがモルトの中にありまするダイアステースの各種類の割合であります。それで今度は、当たり前の穀物〔麦粉〕を取りますると、穀物の中には溶解性のダイアステース分はありませんが、糖化性のダイアステースがちゃんとその中に〔二ユニット〕あります〔図3参照〕。そこでこの麹と、それから当たり前の穀物から洗い出した汁と二つ混ぜますると、それで一人前のモルトになる。そこで麹の中の一ユニットのものへ今度、当たり前の穀物の汁、すなわちダイアステースの力も何もないものを加えますると、三ユニットのモルト同様のものができる〔図4参照〕。この発見につきまして欧米各国の特許を出願いたしました時分に、どこへ行っても剣突を喰って

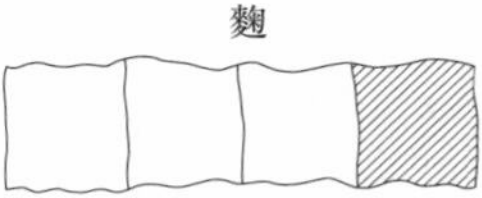

麹

〔図 1〕

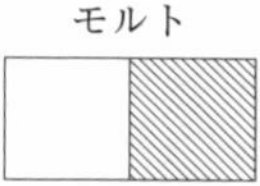

モルト

〔図 2〕

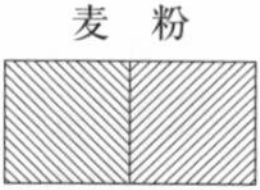

麦粉

〔図 3〕

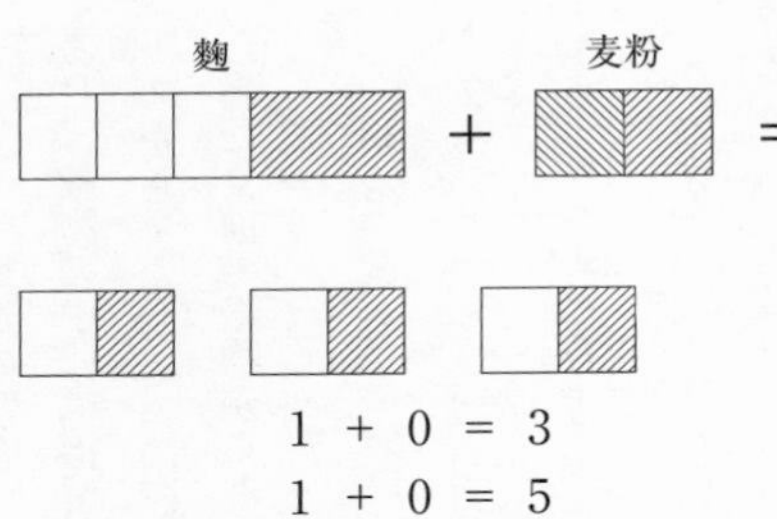

〔図4　この図では麴成分の糖化ユニット(斜線のマス)が1つ余分と思われる〕

しまう。ご承知のとおり、特許の審査の一番やかましいのは亜米利加〔アメリカ〕と独逸〔ドイツ〕であります。独逸あたりではどうしても許さない。それで長い間、往復いたしまして、何でもできるに相違ないというと、それじゃ独逸の内でダイアステースについて有名なる化学者を三名指名する、その中でいずれでもよろしいから一名の人に試験をさせて、報告を付けてよこせ、そうすれば考えるということでありました。それで三名指名いたしました。その中の一名の伯林〔ベルリン〕の人に試験を依頼して、その人の報告を出して初めて独逸は特許の許可を承知した。その人の報告は私のは一と零を加えて三というのであるが、その人のは一と零を加えれば五になる〔図4参照〕という報告をしたので、ようやくわかったというくらいで、これまで何百年となくわれわれが日々取り扱っておったところの穀物の中にはダイアステースがあるものでないと思ったのが、ちゃんとあっておって、発芽させるのは何のためかというと溶解性のダイアステースを作るために発芽させる。発芽させると一人前の仕事ができる。これは醸造糖化等の点においてはよほど肝要なる発見だろうと思っております。それですから、先刻申しました麴ばかりではどうもいけないというところから、こういうことを発見いたしました。これをどういうように応用するかというと、どの醸造法でも生の穀物を使わなければならない。生の穀物を粉にして煮ます前に、桶の中へ入れて水をかける。そうして糖化性のダイアステースの液を、麴から糖化性を出すと同じようにして、糖化性のダイアステースだけを洗い出す。それは透明な黄色の液である。その残った澱粉質だけ煮て、そうして麴と汁との混物を煮た後で入れると、理屈上から言ってもそのとおりで、それから実際からいきましても、その液をなめてみますと、モルトから拵えた砂糖の液と味までも少しも違わない。したがって、発酵させても少しも違いませぬ。そのことについてはわれわれどもが米国にての発見のおもな点でありますから、ちょっと試験をしてご覧に入れます。

　ここに三つの小さいコップへ澱粉の液を拵えてまいりました。これは糊であります。この糊へ、一つには麴から拵えたダイアステースを入れ、それから第二の方には同量のダイアステースを加える。それと同時に、ここに麦の麺麹粉、すなわち天然の麦を粉にしたものであります、それを入れる。そこでそれへ水を差します。水を加えて、当たり前で言うと、これには少しもダイアステースの力はありませぬ。それからここに二包の麹の成分がある。これは同量のものであります。これを右の端のコップに加えます。その次にもそれと同量のダイアステースをこう加える。それで左の端には何も入れない、真ん中は麹の成分と麦粉の水が入っておる。始まりのは澱粉の中へ麦粉の汁ばかり入っておる。そこでこの三つをかき回しまして、その様子を見ると、第一のは元の糊みたような中へ水が入った麦粉の汁が入ったので、いくらか薄くなってボトボトしておる。第二の方を見るとやはり薄くなり、第三の方も薄くなった。これは化学上のどういう変化を起こしつつあるかということを見ますために、私は陶器の白い板を持っております。この上へ液を取って一滴ずつ落とします。そうしてこれを指で広げてみると、こういう結果を見た。第一の方では色が真っ青でおまけに不溶解性の青色であります。すなわち、澱粉というものはいまだ一向、不溶解である。さっぱり糖化していないということがわかります。それから第二の方では、不溶解なのが少し進んで、デキストリンの中は色が溶解性の砂糖の紫が混ざっておる。その次は同じ紫色でありますか、よほど紫が少ない。もう一遍繰り返しの〔て〕みると、その結果は著しくあろうと思いますが、この同じ分量のダイアステースに麴の成分を入れたのでありますけれども、麴の成分ばかりの方は色が大変濃い。それゆえに、ダイアステースの力のない汁を入れると、今度はよほど糖化の分量が増しております。すなわち、一方ではダイアステースの力がさらにない麴と一緒に使うと、麴の糖化力は著しく増すというのであります。それでご覧のとおり、色がよほど著しく違います。それでなお、この方法を使用いたしましたところの製造場の写真をお回しいたしますから、それをもって製造場の仕掛けなどお察しを願いたい。日本では三千石、四千石の酒屋というとかなり大きなものであります。しかるに、亜米利加あたりでアルコール製造に従事しておる大きなものは、二十四時間に三千石、あるいは四千石くらい潰していかなければならないので、それでこの理屈を応用しようとすると、すなわち、ケミストリーはご覧のとおり、コップの中でもできますけれども、これを二千石、あるいは三千石を一日に使う醸造場へ応用しようとなってくると、とてもケミストのノーレーヂ〔ナレッジ〕ではいけない。本当に成功するかしないかは器械的の考えで、適当にこれを応用しなければならない。これは私が数度やり損ないをしまして、七年間もかかってようやく成功しました実地の試験であります。

なかんずく、そのやり損ないの重なるものは、メカニカルの応用の不充分な点からのやり損ないであります。もっとも、私がメカニカリーのアイデヤ〔アイデア〕を出すというわけではありませぬ。専門の機械学者がおって、こうしたらどうかと言っても、手でやることはできない。すべて機械でやらなければならない。それで機械の実地応用の経験のある人がやったのでありますけれども、なにしろ使う品物が新しいのでありますから、したがっていろいろ試してみなければ、それに適当な器械を工夫することはできませぬ。これが一つの困難。それからまただんだんよろしくなって、そこにもう一つ困難が起こったのは、これまでモルトを拵えておるところの職工の反対であります。始め、試験が小さい時分には、あの野郎、なに日本人が来たって、何をやるものかという具合に、一向本気に受けなかった。しかしながら、その結果が幸いにして、だんだんよろしいというところからして、日に十石、二十石の仕掛けでやったが、五十石となり、あるいは七、八十石となると、小さいながらも一つの製造場でやらなければならない。日に七、八石くらいの穀物を潰していくところでは、これまででも日に何百弗のモルトを使用しておる。その一つの製造場には十人、十五人のモルトを拵える職工がおった。始めは戯談〔冗談〕だと思っておったところが、職工がいらないのみならず、アルコールの出来高を比較してみても、今までやった結果が大変良いから、ああいう方法を実地にやられた日にはたまらない、戯談じゃない、俺たちの口が干上がるというようなことを申し出しまして、職工中にいろいろ評議が起こって、その評議の結果、一番早いのは高峰に暗闇でポンコツ進上〔リンチのことか〕をやってしまえというような決議をした。なるほど、それが一番早いであろうと思います。それで夜は〔外に〕出ない方がよろしいと言われたくらいであります。そこで、殺されてはたまらないから、これから麴の製造にはモルトの職工でなければ使わない〔雇わない〕という主義をとりました。その主義はただ命が惜しくてとったばかりでない、実際、麴を拵えるにはモルト職工が来て拵えた方がよほど上手であります。のみならず、前に申したとおり、この方法では材料が非常に安くて利益があるから手間賃は少し余計にかかっても引き合います。十人職工を使った工場で十一人、十二人使っても引き合う計算でありますから、モルトの職工でなければ使わないといたしましたところが、それで職工は治まりました。かくて製造場はいよいよ明後日から始めようと思って喜んでおりましたうちに、夜中起きてみると、火を付けられたという始末で、諸建物は烏有となりました。非常に落胆して、どうしようかと思ったことも数度ありましたが、幸いにそれらにも打ち勝ちました。ところが、一番仕舞いに困ったのは、モルト製造者の抵抗力が非常に強い、モルト事業は今は亜米利加ばかりでも、何千万弗という資本を下してある事業でありまして、私の相談してみましたところのアルコールのトラストの重役の中にも、モルト製造者が沢山あります。それで重役会議にかけて、高峰の製造場にこれだけの資金がいるというような決議が来ると、そういう先生は反対をいたし、どうかして日本の方法の成功しないように尽力した始末であります。

それで、これらの経験でこれをひと口に申しますれば、単に化学上の一つの新しい試験とは申すものの、実は工業者の軍（いくさ）となっております。別して一人で敵前に飛び込んだというような有様であります。それでは醸造場を起こして対抗しようというには、なかなか大きな資本がなければならない。また、そのアルコールを売り、材料を買うという方の商業上の経験もなければならないようなところから、今日は中止になっております。この冬あたりには、自分で小さいながらも醸造場を建てて、そうしてこの方法を使って世の中にこれまでの方法よりは品物が良くて安くて余計できるということを証明したいつもりであります。ところが、この五、六年前にトラストの中に内輪揉めができて、それがために私の約束しておったトラストは一時解散して、新しいものができた。前のトラストに関係しておった重役と今度のトラストの重役とは、いわば商売敵でありますから、坊主が憎けりゃ袈裟までというようなわけで、いまもって私の方法を使う運びにいきませぬ。どうしても自分で醸造場を建てて、そうしてこの方法があるということを証明するよりほかはないような有様であります。そういうようになったから、またそこに一つの困難が起こって、今まで五、六年もやって自分は良いと確信しておるのに尻〔尾〕を巻いて日本へ帰るわけにもいかず、もし帰ってきたならば諸君のお叱りを受けるであろうというところから、後へも先へも行かれず、感ずるのは苦しさ一方で。そこでどうかしなければならないというので、さっきお話しいたしました麹の茶〔に〕したような品物の成分をいろいろ研究いたしました。そうしたところが、今度は麹の茶から麹の成分を分離することができました。

その方法は麹の茶を新しい麹の中へ数度投じて、ごく濃い麹の茶のようなものを拵える、そうしてアルコールに入れると、麹の成分は水の中では大変溶けやすいけれども、アルコールの中では不溶解であるから沈澱してきた。それを試みてみると滅法界、力がある。こういうものが何か役に立たないだろうかと考えてみると、先刻お話し申したことをちょっと思いついて、人間はどこの国の者でも日々の食物の中の三分の二くらいばかりは澱粉質である。その澱粉質は唾のために溶かされて滋養分となってある。そこで胃病とか何とかがあるが、あれは澱粉質の遺物ではないか。これには右のダイアステースを薬として使うことはできないかというところから、諸所の薬屋やお医者さんに配って相談してみたところが、評判が大変よろしくなってきた。一体、モルトの中にはもとよりダイアステースはあるけれども、そのうちの成分だけを分けたという者はこれまでになかった。そこでこの麴から拵えますると、思いのほか訳なくできます。医者も大変これはよろしいと言う。使ってみたところがどうも通例不消化というのは大概、澱粉質の不消化である。その訳であって、食物の三分の二は澱粉質である。そこでそれでは一つ薬として売ろうという考えを起こして、つまり今日、薬学あるいは医学社会でタカジアスターゼと称せられおる薬品ができたもので、このタカジアスターゼというのはご覧のとおり白っぽい粉であります、麴の成分であります。前に申したこの澱粉を糖化させる成分は穀物の内にあるけれども、それを穀物から取り出そうとするとすぐ悪くなってしまうものであります。それで通例、モルトの中から取り出しても、これを乾燥した粉にすると糖化力というものはすぐ空気中で弱くなってしまう。モルトの半分は乾燥するや否やなくなってしまう。それゆえにモルトから沈澱させたダイアステースは長持ちしない。しかるに、麴から拵えたものは糖化力は割合に少ないけれども、溶解性のものが大変多いから、少し弱ってもまだ後に残りの分が大変ある。そうして仕上げてから何年置いても力が変わらない。それでどういう作用があろうかということをちょっとご覧に入れます。ここに大きなコップがあって葛餅みたように固くなった澱粉が一杯入れてある。倒〔逆さ〕にしても落ちないくらいであります。すなわち、われわれの米なり麵麭なりポテートなりを代表する食物である。仮にこれを食べたものと、こうみなし、どうも腹の中で溶解し悪いところから少量のタカジアスターゼを加える。ほとんど半固形体の粉を少々ばかり入れます。そうしてかき混ぜておると、しばらくの間に半固形体の澱粉が、五分が十分経たないうちにすっかり液体となってしまう。すなわち、この麴の主成分のために澱粉が溶解性の澱粉となる。それからして今度はデキストリン、つまり砂糖になる。身体の中の一番必要なるは不溶解なる澱粉を溶解性にすることが最も必要であります。溶解性になれば血液の中に吸収せられて血液に移り、身体の滋養分となります。もとよりこれは当たり前の空気中において、それでこのくらいの作用がありますから、無論、その胃袋の中で体温であればよほど変化も充分であり、かつ時間も速く行けるわけでありま す。それでもう少し置きますとすっかり溶解して、まるで水のようになりますが、今のところでもわずか二、三分しか経たない間でも、ほとんど半固形であった糊があっちこっちへ移すことができるくらいになったわけであります。こういうようになれば、これで食べた品物は溶解して、あとで滓ができることはないのであります。

あまり時間が長くなりますけれども、摘まんで題目にある臓器の主成分についてちょっとお話をいたします。こういうようなわけで、始めは酒屋であったが後には薬屋になったのであります。薬屋の仲間へ入ってみると、こういうこともやったらどうだ、これもやってみたいというところから、自分で小さいながらも一個の研究〔所〕を持っておりましたから、そこでいろいろ研究しておりましたが、そのうちに近頃一つ当ったのは副腎の主成分の分離法であります。動物の臓器の中には、俗に言う七不思議のようなもので胃袋が食物の溜まるところ、あるいは心臓は血液の喞筒（しょくとう）〔ポンプ〕であるというような具合で、それぞれ役割のわかったものもありますが、一向何のためにあるかわからないものが五も六もある。人体はもちろん、当たり前の動物にもありま す。そこで、そういう品物も何か用に立つに違いないから、いろいろの病気に使ってみたら効くかもしれない。副腎と呼ぶるは腎臓の傍らにある小さい臓腑にして、欧米ではアドリーナル〔英語 adrenal〕、あるいはスープラルリーナル〔ラテン語 suprarenalis〕で、六、七年前に、いまエジンバラの医科大学の教授をしておるセーファー〔エドワード・シェーファー。一八五〇—一九三五〕という人が副腎の液を動物脈管に注射してみたところが、動物の血圧が非常に上がるということを発見した。そこでこれはどうも面白い作用のあるものである、たぶん何か血液の温度などに関係しておるに相違ないというようなところから、生理学者、医学者がいろいろに研究してみたところが、どうも驚いたような効験のあるものだということを発見した。すなわち、そのおもなる性質は何であるかというと、脈管に触れると脈管を収縮させる非常な力をもっておる。それだから、その液を例えば眼部に使う。目が真っ赤になっておるものは、少し入れるとたちまち白くなる。また、心臓病にも大層よろしい。声の出ない人には咽喉の腫れておるところへ塗ると声が出る。あるいは充血に大変効くということであります。それから薬屋連がどうかして主成分を分離したいものである。薬屋ばかりでなく、いわゆる生化学者の連中が世界で有名な人たちがその研究を始めました。その中の最も著しいのは亜米利加のボルチモアーのエベル〔ジョン・エイベル〕という教授であります。その人が四年ほど前から研究を始めておりました。また、独逸のストラスブルクのフィルツ〔オットー・フォン・フュルト〕も二年ほど前に発見したということを世に公にした。両氏の方法を比べてみると同一でない、どこか間違っておるに相違ない。けれども互いに二年間、雑誌上で喧嘩をしておった。その際、一昨年〔一九〇〇年〕の夏であったが、私もやってみよう、互いに悪口を言っておるところを見ると、いまだ両方に疑いの点があるに相違ないからやってみようというので研究を始めた。ところが幸いに分離することができました。その方法を比べてみると、実に簡単であります。その成分を比べてみると数十等、力の強い結晶体であって、一定の成分をもっておる品物を拵えることができました。その製法は後で簡単にお話ししますけれども、とにかくできたものは結晶体である。その生理的の力、また化学法の反応も実に過敏でありまして、どの点から見ましても本当の主成分であるに相違ないということになりました。その品物は結晶体であって、左に貼ってあるとおり〔このとき図を示す〔雑誌掲載時には省略〕〕、これは顕微鏡で見たのを大きくしたもので、あるいは針のようになり、あるいは板のようになり、種々の形があります。その質はアルカリ性であります。それ自らでは水には大変溶け悪い。これにこれを加えると〔図を示す〔雑誌掲載時には省略〕）、たちまち溶解性の塩類を拵えます。その塩類を動物に施して試験すると、実に驚くべきほどの生理上の作用をもっております。その作用に及ぼします前に、ちょっと化学上の反応を一つご覧に入れます。ここにありますのは蒸留水を入れました徳利であります。それに少量の塩化アドリナリン〔アドレナリン〕を千倍の水に投下して、その薄い液を、なおまたほとんど百倍以上の水で薄めますと、無色の液が微色になります。これが反応の一つであります。それからまた、この薄い溶液に塩化金の溶液を少し加えますと、今度はこれが赤い色になります。無色であったのが二、三分経つ間にご覧のとおり、赤い色になります。これが化学の反応の中の著しい点であります。このほかにも、その加える品物によって種々変わった色を呈しますけれども、まずそのくらいにしておきます。これはアルカリー性でありますけれども、当たり前のアルカロイドの法を施しても反応がない。それでありますから、いわゆるアルカロイドの部分に属したものでないと思われます。これは化学上の反応であって、随分鋭敏な反応でありますけれども、それよりまだ数十倍強いのは生理上の反応であります。それで、ただ今ご覧の結晶を一万倍くらいの水に溶解いたしまして、その溶液の一立方センチメートルくらいを目方二十斤〔約一二キログラム〕もありそうな犬の脈管に注射してみると、たちまちにしてその血圧が上がってくる。この右にあります図面は(このとき図を示す〔雑誌掲載時には省略〕)その血圧の上がり塩梅を示した図でございまして、ここにありますのは犬の血圧から取ったトレーシングであります。それから手早い試験の一部分は千倍にした溶液、あるいは万倍でもよろしい、それを一滴目の中へ入れてみると、赤くなっておるところが一分も経たないうちに真っ白になってしまう。それで脈管を収縮させるということがわかる。赤いのは平素脈管があって血が通っておるから赤い。それが一万倍のものでもちょっと一滴入れると脈管を収縮してしまうから白くなる。それらの点を応用しまして、例えば鼻の中に出来物ができる。これまでの方法ではそれを切ると非常に血が出る。血が出ると先が見えないからして、お医者さんがはなはだ厄介に思う。病人もしきりに血が出てはよろしくない。そういう時分に千倍くらいの液をその端に付けて、一分か二分経ったところで小刀を入れてみると、牛肉を切るようなもので、一向血が出ない。そういうような話で、すべて脈管を収縮させるのは大変利益で、素人聞きにもよろしい話である。また、声が出なくなる。声の出ないのは通例、声を出すべき部分に充血が起こって腫れるところから嗄れることがある。そういう時分には少しばかりやると、それで声が出てくる。その実例を申しますると、私はかつてバッフワロー〔米国の都市バッファロー〕の食事店へ昼飯を食いに行った。私は医者と二人連れでありましたが、向こうから肥えた男が来て、そのお医者さんに診てもらいたいと言うので、そんなことをしておる暇がないと言うと、何でもかんでもと言うので脇へ連れて行って様子を聞けば、私は競売師で明日ここで何万円という競りをすることを引き受けました、ところが昨晩からさっぱり声が出ない、どうも競売ができないとなった日には三千弗儲け損なうか四千弗儲からないかわからない、ぜひやってくれと言うから例のアドリナリンを使用したところが、嗄れた声が出てきて、その日に滞りなく競売を了ったというような塩梅で、医学上にとっては随分応用の多いものであります。しかしながら、今日お話をいたします大眼目は薬の効能ではありません。その効用に至っては、私の領分外であります。ただ、ここではこういう点においてこの発見は随分目方のあることであろうかと思います。そのことはこれまで七不思議であったような臓腑であります。一体、その臓腑の生理上の作用、今日われわれの身体を生かしていく作用はとても人間の力の及ぶところでない、天の力であるというくらいにまで医者や生理学者あたりが匙を投げておったところが、そういうような臓腑の驚くべき作用というものは煎じ詰めてみると、結晶体の一定の成分をもっておる化学分であるということがわかった勘定であります。してみれば、ほかのサイロイドン〔甲状腺〕の成分あたりも一種の化学分であるだろう。これまで七不思議であった天の作用だと言っておったものが、みな結晶体の化学分になるだろうと思われます。これは第一のこれまでわからなかった臓腑の成分を研究する階段でありましょうけれども、これを医学上に応用しまするとと単純なる化学分の発見が医学上非常な進歩を与えた例がいくらもある。例えば、コロロフオム・イーサル〔クロロフォルム〕は化学上の簡単なものであるけれども、あの発見のあったために今日、指一本、足一本を切るのは平気になっておる。それがために非常に進歩を与えた。また、パスチュール〔ルイ・パスツール。一八二二—九五〕は始め、黴菌の試験をなした時には、白っぽい黴菌を発見したくらいでありますけれども、今日はあの人の発見は第二の医学の進歩の土台となっておる。第三の医学は今日のわれわれ同胞の北里博士〔北里柴三郎。一八五三—一九三一〕が独逸のベルリンあたりで研究してジフテリヤ〔ジフテリア〕を治するに血清を施す発見であります。単にジフテリヤばかりでなく、今日は種々その他の病にも同じ方法を応用して病を治する医学上の進歩の第三のおもなる階段であるということであります。

それで、この副腎の主成分の発見ということもそれ自らでは事小であるか知らないが、もし先刻お話し申したとおり、これが始まりとなって他の今日まで七不思議の臓器の成分を発見することを得るというようなことになりましたならば、おそらくこれは第四の医学上の発達の階段となりやしないか、そこでこの学会の中におる諸君の中でも沢山、ケミストリーを専門にする人もあるのであります。どうか私の願いではこれらのお考えをもって下すって、あとにいくつも不思議な点が残っておるのでありますから、どうかご研究あらんことをひとえに希望いたしますのでございます。あまり長たらしいお話をいたしまして申し訳がありませぬ。

初出『工学会誌』244巻（一九〇二年）

新ジアスターゼ剤およびその製造法について

元来、ジアスターゼ酵素が、一般に澱粉（でんぷん）を糖類に変化する特有性を有することはよく知らるるところにして、この変化は、種々の各別なる時期を経るものなり。すなわち、第一は液化の時期にして、この間に澱粉は溶解（液化）せられ、第二はデキストリン化の時期にして、この間に前記液化（溶解）したる澱粉はデキストリンに変化せられ、第三は糖化の時期にして、この間にデキストリンは糖類に変化せらるるなり。

澱粉変化のこれら各別の時期、あるいは少なくも液化糖化の時期は、各別の酵素力（エンチモチック・エーヂエンツ）により営まるるものにして、該酵素力たるや、従来知られ、かつ用いらるるジアスターゼ中に種々の割合にて共存するものなり。しかれども、その割合たるや、澱粉または澱粉質物体を糖類に経済的に変化せしむるに最もよき割合ならず。例えば、あるジアスターゼにおいては、液化酵素の量多くして、共存せる糖化酵素が糖類に変化しうる澱粉の全量を液化するよりも、なお過剰の液化酵素を含めるものあり。またある他のジアスターゼにおいては、液化酵素と糖化酵素の割合が、前例と反対なることあり。しかるに、予の発明によるときは、液化酵素および糖化酵素の割合を調整することを得、かつ製出せられたるジアスターゼ剤は、液化酵素および糖化酵素を最も有効にかつ原料を節約しうるに最も利益ある割合に含有す。すなわち、各酵素の割合が澱粉または澱粉質物体の若干量を完全に変化し、しかも酵素の一方が過剰に残ることなく、また澱粉の幾分が不変化に残ることなき割合に含有せらるるものなり。

現今、公知公用のジアスターゼは、種子または穀類の発芽によりて生ぜらるるものにして、その発芽は温度ならびに湿度の適当なる状態の下に行われ、または適当なる培養物にある菌類を生長せしめてこれを生成せしむるものなることは、すでによく知らるるところなり。かくて生成せられたるジアスターゼは、液化力および糖化力を併有し、したがって澱粉を糖類に変化するものなり。しかれども、かくのごときジアスターゼは、液化酵素および糖化酵素を不規則の一定せざる割合に含有するをもって、その作用たるや多少不精確かつ不完全なるを免れず。

予は、発芽法を行わず、また菌類を生長せしめざるところの種子または穀類より、また該穀類より澱粉質の全部もしくは大部分を除き、かつ菌類の生長を施行せざる穀類表皮より、非常に糖化力の強き一の酵素を製出せしめ得べきことを発見したり。

この酵素を得るには、大麦、玉蜀黍〔トウモロコシ〕、小麦、米もしくは他の穀類、または塊茎のごときを、破砕または粗粉になしたるを適量に取り、あるいはまた前記穀類より澱粉質の全部ないし大部分を除去したるもの(すなわち、麩、ショーツ、ミッドリングス等)若干量を取り、常温またはやや常温以上において水をもって浸漬抽出等の工程を行う。文献を簡にするため、ここにはこの製造に適する諸原料を総称して単に「穀類および根類」という。しかしてこれらの原料は、破砕また細末になして抽出液の製造に供するものとす。

かくて得たる抽出液は、褐色または黄色にして、原料の如何によりその色を異にす。この抽出液またはこれを製するに用いたる原料は、膠化(こうか)〔ゲル化〕したる澱粉に対し作用なきか、または感知すべきほどの作用なし、ゆえに普通の意味において、この抽出液はジアスターゼの力なしと言わざるべからず。ただし、極微弱にこの力を有することなきにあらずといえども、毫も実用に供するに堪えず。しかるに、その中に強力なる糖化酵素含有せられ、まず液化酵素もしくは澱粉を可溶性になす性質を有するその他の物質（例えば、稀薄酸類のごとき）によりて澱粉が可溶性になさるるときは、はじめてその糖化作用を営むものなることを予は発見せり。すなわち、澱粉が液化せらるるや直に前記抽出液は強力かつ迅速に糖化作用を営む。ゆえに澱粉を液化する能力を有する物質と前記抽出液とを混合するときは、非常に速やかに澱粉の糖類変化を惹起するものにして、従来行わるる沃度（ヨード）の反応によりて、その然ることを比較試験すること容易なるべし。

糖化酵素を含有する前記抽出液は、稀薄溶液のまま長く貯うるときは、その効力を失うことを発見せり。しかれども、これを低圧または真空において舎利別状（シロップ状）にまで蒸発するときは、長く貯蔵するも糖化力を失うことなきを予は発見せり。

予はまた該抽出液中に存する糖化酵素は、アルコホル（アルコール）に難溶なるをもって、該液中にアルコホルの充分なる量を加うるときは該酵素を他の無能物より分離しうることをも発見せり。

かくて得たる酵素をアルコホルより別ち、乾燥するときは白色粉末状となり、液化酵素または稀薄酸類によりて液化せられたる澱粉を糖化する非常なる力を有す。

予の発明は、該糖化酵素を一の価値ある新ジアスターゼ剤の製造に応用することにあり。すなわち、前記抽出液またはそれより分離したる糖化素の若干量を取り、これを液化力を有すれども糖化力の不足せるところのジアスターゼまたは他の物件に混合し、もって普通のジアスターゼよりも非常に迅速に完全にかつ強勢に澱粉を糖類に変化せしむるところの一のジアスターゼ剤を製出するにあり。

この新ジアスターゼ剤の製法に種々あり、すなわち左のごとし。

普通のジアスターゼまたは澱粉液化力を有すれども糖化力の不足せるところの物体に、液化せられたる澱粉をすべて糖化する力を有する前記抽出液の一部を加うるにあり。その配合割合は、選用したるジアスターゼまたは液化力を有する物体の液化力の多少により異なるものにして、熟練家は容易にその割合を定むることを得べし。かくて製したる液は、低圧の下に舎利別状もしくは乾燥状に蒸発することを得、あるいはまた該混合液にアルコホルを加えて沈澱を起こさしめ、これを分離して乾燥するも可なり。この乾燥沈澱物は、液化力ならびに糖化力を適当に平均したる割合に併有し、元のジアスターゼよりも迅速にかつ完全に澱粉を糖類に変化せしむるものなり。あるいはまた、普通のジアスターゼの適量を乾燥状にて前記の分離、すなわち沈澱したる糖化素に混合し、もって前掲同様、完全なる性質を有する非常に改善したるジアスターゼ剤を製するも可なり。

なおまた予の発明は、該新糖化ジアスターゼ剤を永く保存しうるようになす方法にありとす。すなわち、該ジアスターゼ剤にこの方法を応用するときは、永久貯蔵するも毫もその効力の減損を来すことなきよう安全ならしむるを得。いま前記の新糖化酵素ならびに該酵素をもって糖化力を付与したる前記の新ジアスターゼ剤は、これを非常に永き間貯うるときはその効力を減損するものにして、ことに糖化力において然るものとす。しかしてこの減力の傾向は、予の観察によれば、前記新糖化素を含有せる抽出液またはこれより得たる沈澱物中に共存する、ある成分に原因するものにして、この成分を除去するときは、該抽出液または沈澱物は永く保存に堪うるようになるものなり。予の発見するところによれば、抽出液を酸性状態にならしむるときは、該成分は不溶解になりて沈澱す。しかして、かく酸性状態にならしむる一法は、発酵によるにあり。すなわち、これを行うには、該抽出液を三十時間ないし五十時間（特に約四十八時をよしとす）夏季の温度、すなわち華氏約八十度ないし九十度〔摂氏二六―三二度〕の温を有する温室内に放置し、適当の発酵状態にあらしむるをよしとす。発酵終わるときは白色の沈澱を生ずるをもって上液を去るべし。この液部は以前より安定の状態になれる糖化酵素を含有するをもって、低温度にて蒸発し、舎利別状にならしめこれを保存す。しかる後、この液を適当なる、または任意なる割合に、普通のジアスターゼまたは澱粉液化力を有するその他の物体に混和し、混和液にアルコホルを加えて沈澱を起こさしむ。かくて得たる沈澱は液化力ならびに糖化力を一層安定なる状態に有するがゆえに、その糖化力を減損せしむることなしに永く保存し得べし。

あるいはまた抽出液を発酵せしむる代わりに、これにある稀薄酸類、例えば乳酸を加えて酸性にならしむるも可なり。しかするときは前記同様の白色沈澱を生ずるをもって、濾過およびその他の方法によりてこれを液部と分別し、しかる後、液部をアルコホルにて処理し糖化素を沈溜せしむるか、または該液に澱粉糖化力を有するジアスターゼの溶液を混和し、混液をアルコホルにて処理し沈澱を生ぜしむ。しかるときは、液化力ならびに糖化力を安定なる状態に所有し、永く保存するも効力の減弱を来さざる前記同様のジアスターゼ剤を得べし。

上記の発明により、予は新奇有用なる一の酵素を製出分離することを得たり。該酵素たるや、著大なる糖化力を濃厚の状態に所有するをもって、従来知られたる多くのジアスターゼと共用し、それらの効力を大いに増加せしめ得べく、かつまた液化酵素ならびに糖化酵素を所望の割合に含有する一のジアスターゼ剤を製出するために用い得べきものなり。ゆえにこれを用うるときは、澱粉質の若干量を糖類に変化せしむるために、従来必要とせし現今公知のジアスターゼの量を減少し得べく、したがって大いに作業費を節約し得べきのみならず、同時に液化素ならびに糖化素を一定にして、かつ知られたる割合に含有する一のジアスターゼ剤を製出しうるものなり。

初出『治療薬報』49号(一九〇九年)

百難に克ちたる在米二十余年の奮闘

発明品を抱えて米国に赴き、意気白人を呑む

余が過去の生涯において最も痛苦に感じたるは、余が苦心の下に発明せる麴を米国の醸造業に応用せんとするに際して紛起せる障碍と困難とであった。話の順序として、まず余が発明せる麴の何物たるやを説明せなければならぬが、余が案出せるは麦の皮より麴を造り出す新法にて、これを米国におけるアルコールの醸造に使用せんとしたのであった。

米国におけるアルコールの醸造は当時よりすでに非常なる盛況にて、三三〇〇万弗〔ドル〕の大資本を有せる米国アルコール醸造の大トラスト会社は設立せられ、しかしてこれが発酵素の原料には大麦を発芽せしめたるモールトなるものを使用しつつあっ

た。しかるに今もし大麦の代わりに麦皮を用ゆることとせば、ただに醸造界の一大革新たるのみならず、アルコールの製造費用を非常に節約しえて、これがために需要者と供給者との受くべき利益は莫大なるものと信じた。そこで余は断然、米国において発明に対する特許権を獲得し、いよいよこれを実行に着手する準備に取り掛かった。

壮志いまだ報いられず、空しく帰朝す

ところが何としても、知らぬ異境の米国においてはもとより知己は少なく、資力もまた乏しく、いよいよこれを実地に応用せんとするにも、ほとんど手の出づるところを知らず、たとえその発明はいかに新奇にして、またいかに間然するところなしとするも、赤手空拳、ことに当時はその名を知るもの少なかりし日本人の発明に対して誰か耳を傾けん。すなわち、いかにせばこれを米国の醸造業に応用すべきかは余がまず第一着に遭遇せる難関であった。ただここに唯一の恃み(たの)とせるは、余が家内を通じて余と姻戚の関係ある在米の縁家にすぎなかった。

余はこれらの親戚知友に向かって、その発明の次第と目的とを物語れるに、いずれも余の事業に向かって熱心なる同情を表し、各自力の及ぶかぎり、あるいは資本を支

出し、あるいは奔走の労に当たり、できうるかぎりの尽力を惜しまざるべしとの協議をなしてくれたので、まず端緒を得るまではしばらく国に帰りて時期を待つこととした。

再び渡航を企て、船中大病に罹る

間もなく米国より吉報が飛んできた。すなわち、在米親戚の奔走運動によりて、ある醸造家が余の新発明を実地に応用することを承諾したので、ただちに渡米すべしとの電報であった。余はこれを見て大いに喜び、天はいよいよ我が年来の苦心を憐れみ給うかと雀躍しつつ満腔の希望を懐いて、家内とともに渡米の途に上った。時は明治二十三年〔一八八〇年〕である。

しかるに、船中はしなく肝臓病に罹り、一時は危篤に瀕するほどなりしが、前途に大いなる希望をもっておる余は、自己の発明の成功を見るまでは断じて死すべからずと決心して、辛くも米国に到着した。

かくてシカゴに至りて、ただちに親戚および同志の醸造業者とともに麴を原料としてアルコールの小規模の醸造試験を行いたるに、予期のごとく好成績を得たので、ここに同志の援助によりて高峰発酵会社を設立し、自らその社長となりて、さきに得たる特許権をこの会社に収め、もし他にこの新発明の醸造法を採用せんと欲する者には、その依頼に応じて発明税を徴することに定め、それより徐々に目的のアルコール・トラストに向かって交渉の歩を進めた。

宿志わずかに成らんとして反対起こる

前にも言えるがごとく、このトラスト会社は三三〇〇万弗の大資本を有し、米国における醸造界の大半を占領してその勢力の前にはあえてよく抵抗する者はなかったので、もしこの会社にして、いよいよ『高峰発酵素』を採用するに至らば、余が発明は一挙にして米国に風靡するに至るべく、また不幸にしてその採用するところとならざるにおいては、トラストの圧力のために世に出るの機会を得ることができなくなるので、余が運命の決は実にこの一挙にあったわけである。

幸いにしてトラストの社長グリーナット氏なる人は、もともと醸造場の技師より成り上がりたる仁で、造りたるもろみを嘗めてみてただちにその善悪を知るの技術的技量を有する経験家でありしがために、余が発明の効力を認識し、もしいよいよこれを実地に応用するにおいては会社の利益するところ莫大なるべきを察して、余に向かいて試験の上にもし良好なる結果を得るにおいては、これを採用するに躊躇せずとの意を通じてきた。

やがて試醸に着手して功を奏しつつありし矢先、またもや困難が湧いてきた。すなわち、高峰麴を採用するに至らば、すでに数千万弗の資本を投じて経営せるモールト製造業を破壊するのみならず、重役中にも斯業に関係せる者が多かったために、ここにはしなくも大株主の連合をもって社長の計画に反対運動を起こすに至ったことである。しかしてこれ実に余が予期せざりし大難事にして、同時に余が死活問題の岐るるところであった。

病勝つか気勝つか、醸造場内の起臥

しかしながら、社長はあくまで高峰麴の会社に大利あるを信じ、重役ならびに株主の反対あるにもかかわらず、断々乎としてその所信を実行せんと欲して二十余万弗を出し、試醸の計画を進めたるが、余は大いに知己に感じて一生懸命に試醸に従事しつつあった。

試験中は病軀を抱えて醸造場内に起臥しつつあったが、それがまた牛小屋に接近していたのでふんぷんたる臭気にはほとんど耐え得なかった。醸造場の脇に牛小屋とはちょっと異様に感ぜらるるであろうが、畢竟(ひっきょう)、アルコールを取りたる糟を牛に喰わすに都合がよいからで、この糟こそは、アルコール製造の有力なる副生物と称すべきものである。この醸造場には一日一五〇〇ブッシュル(一五〇〇ブッシェル＝約五万三〇〇〇リットル)の糟が排出されたので、これによって一五〇〇頭の牛が醸造場内に飼われてあった。米国ではアルコールの糟一ブッシュルあれば、牛一頭飼われると言われてある。こういう次第で、その時分、米国の酒屋は牛屋を兼帯していた。すなわち、牛の持主はテキサス辺の野原に放牧しておる痩せた牛を醸造場に連れ来りて、ひと冬いくらという約束で十月頃から三、四月頃まで下宿さしてもらう。わずかひと冬の下宿であるが、牛は見違えるように肥満するので持主は下宿料を払うても算盤勘定が合うというわけである。こういった関係から、当時余が起臥していた醸造場内に数多の牛が飼われていたので、身体の悪いところへふんぷんたる臭気を嗅がされたには少なからず閉口した。

脅迫状舞い込みて決死の覚悟

かくて日ごとに試醸の範囲を拡張して着々好成績を収めつつあったが、折しも株主らの反対はますます激烈となり、次いでモールト製造業者とアルコール醸造職工の同盟となり、ついに余にしてその計画を放棄せざれば生命を絶つべしとまで脅迫する者を生ずるに至った。しかしながら、余はすでに決死の覚悟をもって学問の進歩のため、はた人類の幸福のために、いかなる危険に遭遇するもその目的を貫徹せずんばやまずと決心し、ますます勇を鼓して奮闘しつつあった。

しかるに、余がためには幸いに、反対派のためには不幸であったが、試験の成績はますます良好を示したので、いよいよ歩を進めて一日一五〇〇ブッシュルを醸造する大仕掛の試験に着手せんとする前二日となった。

ああ、試醸場ついに焼く

余は例によりて醸造場の二階に寝ておると、夜半に起こるけたたましき警鐘の音に驚きて眼を覚まし、窓を開くればコハそもいかに、余が心血を注げる試醸場の方面に当たりて炎が見ゆるので、大いに驚き、たちまち駆けつけたが、幸いにして醸造場の本家の方は無難なりしも、ああついに余が麹室(こうじむろ)は空しく焼失してしまった。余は実にこの時ほど失望落胆せることはなかった。しかして同時に余に反対せる者はこの機に乗じて讒誣(ざんぶ)攻撃至らざるなく、ついにこの火災をもって余が試験の失敗をくらまさんがために自ら火を放てるものなりとの流言をすら放つに至ったので、余の心中の痛苦はさらにその度を加えた。余に同情を表する者はかえって反対派に向かって疑いの眼を注いだ者があったが、余はこれを信ぜない。とにかく余が運命を展開すべき、唯一の舞台たる麹室が空しく煙になったので、余は大いに失望した。

万難を排して所信を断行せし社長の人物

しかしながら、トラストの社長グリーナット氏はさすがに米国の実業家である。その最新最良なりと信ぜるものを実地に採用するにおいて決して躊躇せざる事業的精神は、一時の火災をもって屈撓せず、さらに余のために一個の模範工場を設立して試験を続行することとなった。氏は実に意志の強い人で、余は米国にあること二十幾年となり、その間上下種々なる人物にも会ったが、そのうちにも氏のごときは稀に見る大人物で、余は今もってその偉大なる人格に敬服している。重役をはじめ株主その他の激烈なる反対を排して、少なからざる資金を投じてようやく出来上がりたる試醸場がたちまち一片の煙となり、非難攻撃の声が一層その度を加えたる間に介在して、またもや試験場を設立せんとしたのであるから、重役の反対は実に猛烈なるものであった。しかるに、氏は毫も周囲の事情に介意せず、断々乎として所信を励行し、独断をもって試醸場を新設したる勇気は到底常人の学びえざるところである。

氏は今やトラストの社長の職を去り、紐育〔ニューヨーク〕において屈指の大呉服店を経営して自らこれを主裁しつつあるが、紐育実業界の大立物として尊敬せられている。

トラスト瓦解して万事休す

しかるに悪い時は仕方のないもので、さきに船中において発せる肝臓病はまたもや再発して、ほとんど半ケ年間にわたりて癒えなかった。しかるに会社の方は種々なる事件複雑せるために、ここに株主間に不平を生じ訴訟となりし結果、トラストはついに瓦解するのやむなきに至れるより、同時に余に対する一切の計画は破壊されてしまった。加うるに、余が試験ならびに奔走等に費やしたる資金は少なからざる負債となりて余を苦しめたので、ひとかたならず苦悶した。さりとて〔日本へ〕帰るにも帰られず、実に進退に苦しんだが、結局再び機会の到来するまで他の発明に従事するに決心した。消化剤たるタカジアスターゼを発明したのはこの際のことであった。

第二の知己横死してまたもや頓挫

その後三ケ年間を経過して新たなるアルコール・トラスト会社設立せられたるも、余に向かって多大の同情を注ぎしグリーナット氏はもはや去って再びその職にあらなかったので、余より再三再四会社において交渉せるも頑として応ずる色がな〔か〕った。しかるに、その後ようやく会社より試験的に高峰麹をもって醸造を試みることを申し出て、高峰式発酵素工場をボルチモアーに設け、〔明治〕四十年〔一九〇七年〕一月の第一土曜日より試験に着手することとなり、ようやく愁眉を開かんとする矢先、発案者たる同会社の技師長たるマイヤーなる人がふと醸造桶に墜ちて怪我をしたのがもとで、ついに不幸にして死去したるより、またもや試醸の計画はここに頓挫を来すに至ったのは余のはなはだ遺憾とするところであった。

百折不撓、ついに発明を完成す

しかるに一方、モールトの製造は世の進運に伴うて改良せられ、余が当初ピオリヤ〔ピオリア〕において醸造試験をなせる際にはまったく手工にて製造したものであったが、その後器械にて製造することの新法が発明せられたるために、著しく労力を減じ、価格も安くなり、また製品も強いものができるようになった。したがって、高峰麴も器械的製造を行わざれば、到底モールトの器械製造に匹敵することが難くなったので、余は数年前よりして器械的経営を始めた。世間の知れるがごとく、麴は物質の外面に発生するものにして、モールトとは違うて器械的に製造することは困難であるが、種々試験の結果、今や立派なる麴を器械にて製造しうるに至った。しかして目下、加奈陀〔カナダ〕のある醸造場において試験されつつあるが、遠からず北米合衆国においてもまた試験さるることであろう。

本計画は余が二十何年前に思い立ちたる計画で、ドウかして成功したいものであると考え、たゆまず今日に至るまで苦心しておるわけである。このうえ望むところは、その一般に実施を見るに至るまで、余が生命の永からんことを天に向かって祈っておる次第である。余は本計画に対してはとかく不運にして、いまだ大いに成功するに至らざるが、ただ一つのことを成功するということは、いかにむつかしきものであるということを青年諸君をして会得せしむる参考にもなろうと思うので、ちょっと述べたまでである。

初出『実業之日本』16巻8号(一九一三年)

3　発明立国への道

いかにして発明国民となるべきか

今後の勝敗は発明の力にあり

わが日本は光栄ある〔日露戦争の〕戦勝によりてすでに世界的日本となれり。今後の問題はいかにしてこの戦勝の効果を全うすべきかの一事たらずんばあらず。これに関して種々の意見を立つる者世にその人多し。しかしてこれらの意見はいずれもみな、経世実用の策たるや疑うべからず。しかれども余の見るところによれば、今後平和の戦争において勝利を博するの方策は、あたかも戦時におけると同一の国民的熱心と国民的一致とをもって世界の発明界に突進するにあるのみ。

国家富強の資源が産業の発達にあること、もとよりいうまでもなし。しかして産業の消長は主として発明力の大小優劣にあること、現に各国における産業の実勢に徴してこれを知ることを得べし。果たしてしからば、わが日本も従来のごとく模倣模倣(コピーコピー)のみにては到底いつまでも先進列強の後塵を拝するのほかなからん。ゆえに今後平和の競争においてあくまでも勝を占めんと欲すれば、大いに国民の智力を活動せしめて、種々なる斬新奇抜の発明を案出し、これをすべての産業上に応用し、もってわが商工業の発達をして常に欧米列強の上にあらしめんことを図らざるべからず。

誰か日本人に発明力なしというか

しかるに日本人には発明的天才なしという者、本邦人中にも、また欧米人中にも少なからず。日本人は模倣(コピー)すれども発明するあたわずとは、余が海外にありても、内地にありてもしばしば聞くところなり。しかれどもこれ皮相の見たるを免れず。蓋(けだ)し、わが日本人が従来発明すること少なく、主として模倣の点にその特長を発揮したるがごとき傾向ありしは、わが国における文明の程度と内外の情勢、これをして然らしめたるのみ。かくのごときはひとり日本のみならず、今や発明の国と称せらるる米国すらも今を距たること四、五十年前まではことごとく欧州の事物を模倣するに汲々たりしこと、毫(ごう)もわが国の今日に異ならざりき。ただ彼は模倣をもって満足せず。模倣時代は一転して発明時代となり、改良に改良を加えて今やかえって米国より欧州に輸出するに至れり。わが日本の現状を見るに、あたかも当時の米国に彷彿たり。しかして今日はまさに模倣時代より発明時代に入らざるべからざる時機に際会しつつあるなり。

誰か日本人に発明力なしというか。日露戦争におけるわが勝利は科学応用の力、またその一大原因たらずんばあらず。しかしてその戦争に応用せられたるものの中、日本人の独創発明に成りたるもの決して少なしとせず。しかして他の方面においても北里博士〔北里柴三郎〕のジフテリヤ〔ジフテリア〕血清療法をはじめ、その他広く人類の文明幸福に貢献せる世界的発明もまた指を屈するに足る。わが国民はよろしく自家の発明力を確信し、大いに奮励して発明国民とならざるべからず。

欧米はなぜ発明に富むか

しかれども発明の天才だにあらば発明は生まれ来るものと思わば、これまた大いなる誤解なり。発明の多くの場合において、決して一人の力にて成るものにあらず。要するに全国民の協同一致により根本的にこれを奨励すること最も必要なり。すなわち、これに研究の便宜を与え、応用の道を与え、もって発明家を養成すると同時に、発明の効果を充分ならしむるの方法を講ぜざるべからず。しかして、これ実に官民朝野一致の力によらずんば、目的を達することあたわざるなり。

欧米に発明の盛んなる原因を考うるに、主として上下ともに力を発明の奨励に尽くしたるによらずんばあらず。米国は言うに及ばず、独逸〔ドイツ〕のごときもまたその揆を一にす。現時独逸の収入の主要部分を占むるものはすなわち、化学工業なり。しかして同国において化学工業のかくのごとく進歩発達を遂げたる所以のものは、まったく国民一致の力によりて根本的研究を奨励したる結果、種々の事物を発明し、盛んに英国より石炭タールを輸入して自ら各種の工業品を製造するに至りたるものにほかならず、産業の発達は決して偶然の結果にあらず。発明は決して寝ながら期待しうべきものにあらず。これ余が全国民の一致奮励を必要とする所以なり。

発明研究所設置の必要

しからば、いかにしてこれを奨励すべきか。他なし学問と実地とを連絡せしむるにあり。従来の状態を見るに学者は発明の力あれども、研究と応用との便宜を有せず、実業家は事業と資本とを有すれども発明の力を有せず、しかして両者相隔離して相関せざるもののごとく、毫も両者の間に連絡一致の実あるを見ず。かくのごとくにして発明の出でんことを望むは、そもそもまた難しというべし。ゆえに官民一致の力により て費用を出し、発明研究の場所を設け、もって発明家を養成するに力を尽くさば、発明家はここに研究の便宜を得て、その全力を集中するを得べく、発明は必ず続々として起こり、着々事業の上に応用せられてわが商工業の面目はたちまち一新せらるるに至るべし。

本邦実業家の責任

欧米の工業家は多く各自の工場に研究所を設け、学者をして自由に研究発明せしむるの場所と費用とを供給しつつあり。余はわが実業家もまたこれにならうに至らんことを切望せざるを得ず。かくのごとくにして各所に研究所の設備を見るに至らば、大学その他、高等教育を受けたる者は、卒業後ここに入りて発明の研究に従事するの便宜を得、しかして発明に対しては無論報酬を受くるがゆえに、ついにはその報酬により て学者自ら独立の研究所を設くることをもなし得べし。しかしてその発明せられたるものはこれを各自の事業に応用するに至らば、いわゆる国を富まし、あわせて己を富ましむるものにして一挙両得の策というべし。

もし実業家にして発明がいかに己を利するかを知るあらば、かくのごとき目的に向かってその資財を割くを吝まざるべし。現に今日、各自が業を成し富を積むを得たる原因にさかのぼれば、畢竟、発明の力を利用したるにほかならず。他国における発明の糟粕を嘗めてすら、かくのごとし、もしこれらの発明を自国より出し、さらに進んで自箇の研究所より出すに至らば、その利益するところの莫大なることは問わずして知るべきなり。余は日本の実業家がかくのごとく事理の明白なる目的に向かって費用を吝むものにあらざるを信ぜんと欲す。

教育方針もまた改良を要す

ついでに一言したきはわが教育の方針なり。余は常に本邦大学その他高等教育を受けたる者が発明の実績を挙ぐることの少なきを見て、すこぶる遺憾に感ぜざるを得ず。これ一は卒業後研究の便宜なきに原因するは無論なるも、また一はわが教育の方針が学術のみに偏して常識を加味せざるの致すところにあらざるなきか。発明は元と装飾的のものにあらずして実用を主とするものなり。いかなる発明も実地に応用するあたわずんば、もって真価を発揮するに足らず、しかるに教育の方針にして、学問と常識との均衡を失すれば、学者の研究も自然実用の方針と相遠かるに至るべく、したがって世界の文明人類の幸福に貢献するがごとき有益なる発明は容易に出て来らざるなり。ゆえにわが国をして発明国たらしめんと欲すれば、教育の方針もまた学術のみに偏せず、これに常識を加味し、なるべく発明の方へ学者の頭脳を傾注せしむることを図らざるべからず。

余は第一にわが国民がまず自己の発明力を自覚せんことを望む。自ら発明力に乏しといいて自暴自棄するがごときことにては到底世界の競争場裡に敗走するのほかあるべからず。しかれども単に己が発明力を自覚したるのみにては不可なり。ゆえに余は第二に、わが国民が共同一致の力によりて発明研究の費用と場所とを供給し、もって発明者を保護奨励するの道に出でんことを望む。しかして第三には、これと同時にわが教育方針をも改良し、学術のみに偏せずよく常識との均衡を保たしめ、常に実用的思想をもって世界の文明と人類の福利に貢献するの精神をもって世界に出でしめんことを望む。かくのごとくにして始めて、世界の大発明国民となることを得ん。

初出『実業之日本』10巻2号(一九〇七年)

余が化学研究所設立の大事業を企てたる精神を告白す

わが工業はなお輸入防遏時代

明治天皇大統を継がせ給うや、五事を神祇に誓わせ給うた〔五箇条の誓文〕中に、「智識を世界に求め、大に皇基を振起すべし」という一条がある。聖慮幽遠、畏いことであるが、維新以降、百般の施設はすべてこの大御心に基づき、智識を欧米の先進国に求め政治法律、教育文学、陸海軍事、商工業等、一として範を欧米に仰がぬものはない。なかんずく、工業のごときはその最たるものである。従来、内地に固有せる工業はいわゆる手工業に属し、幼稚にして緩慢を免れなかったが、ひとたび欧米の工業を輸入して以来、大規模の機械的工業は続々として経営せられ、その発達の顕著なる、ほとんどわが工業の面目を一新したる観がある。

工業はその面目を一新したけれども、これいわゆる模倣に過ぎぬ。欧米先進国が数百年間幾多の辛酸をなめて案出したものを、そのまま輸入したのである。ゆえに事業が発達したと称するも、単に外国品の輸入を防遏するにとどまる。金を出したものを出さなくなしたにすぎぬ。消極的にして受け身たるを免れぬ。進取的に新製品を出し資金を外国より吸収することはできぬ。これわが工業の発達上、最も遺憾とするところにして、わが国民がややもすれば模倣的なりとして非難せられる所以である。すでに模倣的である、ゆえに、たとえその製品は精巧なりとするも、到底その先生に及ばぬのである。わが模倣せる間に、彼は駸々として進んでやまぬ。したがって、模倣的の間は常に受け身たるを免れぬ。

世界はいまや独創の競争

模倣のできる間は幸いである。たとえ先生に後れたとしても、なお先進国に近きものを製造することができるのである。しかし、模倣は永久に期することを得ぬ。今や世界の商工業は年とともに競争が激烈となりつつある。各国各人は常に幾多の時間と資力と辛酸とをなめて斬新なる発明を案出するに努力し、しかしてその発明したものは厳に秘密を守って他の模倣を許さぬ。ゆえに、わが国民が自ら労せずして他国人の苦心に成れる結果を模倣せんとするも、事実不可能である。見よ、欧米到るところの工場はわが国人の視察を拒み、模倣せらるるを予防しつつあるではないか。模倣が悪くないとしても、今やすでにできぬのである。いわんや、模倣が到底、わが国民をして進取的に積極的に活動せしむる所以でないのにおいてをや。これにおいて我々日本人は自ら研究し、自ら独創(オリジナリティー)を発揮せなければならぬ。

近時、独逸〔ドイツ〕国の工業は冲天の勢いをもって発展しつつある。その原因は二、三にしてやまぬであろうが、学理の応用が盛んに奨励せられ実行せらるることが主因であると信ずる。彼らは英仏諸国より廉価なるコールター〔ル〕を輸入し、自らこれが化学的用途を研究し、染料、薬品としてこれを世界の市場に供給しつつある。これは一の事例にすぎぬけれども、欧米人は学理の応用により欧米にある廉価の材料をもって、種々の高貴なる製品を出し、広く世界に供給し、もって今日の富強を致せるのである。

わが国民が独創の見をもって欧米諸国と角逐し、進んでその製品を欧米に出さんとするには、材料を日本および東洋の低廉なる物質に取り、これに加工し精製するに若くはない。かくのごとくすれば、もって欧米の資金を吸収すべく、わが国富の増進期して待つべきである。

東洋の材料を研究するはわが国人の天職

思うに、東洋の材料にして加工精製し、もって世界の市場に闊歩しうべきものは決して少なしとせぬであろう。例えば、満鮮〔原文ママ〕地方に多量に生産せらるる大豆は、搾って油を採取し、その糟は窒素質の肥料として地中に投下せられている。大豆は豆腐とし、味噌とし、湯葉として最も滋養分に富み、肉食せぬ国民に肉食と同じ滋養を供するのである。今日肥料として地中に投下せられるのは、他の窒素質肥料よりも低廉なるをもって使用せらるるのであるが、もし精細に研究し試験し、その滋養分を採取することができるならば、その社会を益することほとんど測るべからざるものがある。しかるに東洋人は何らの注意をはらわず、空しく肥料として地中に投じている。余は眼前にこの現象を目撃し、ほとんど金を地中に投ずるがごとき感なきを得ぬのである。ただに天恵を暴殄（ぼうてん）するのみならず、東洋人が依然としてこれを放棄すれば、欧米人は必ずさらに有益なる用途を研究し発明して、我々の眼前にある豊富の材料を利用するに至るであろう。これ決して空想でなく、すでに大豆は工業原料として多く欧州に輸出せられつつある。

これは仮定に設けた一例であるが、かくのごとき有益なる材料は東洋に豊富である。研究に研究を重ぬればほとんど限りがないと信ずる。もしそれ印度〔インド〕その他の未開地方〔原文ママ〕に入り、一面には低廉にして有利の材料を探討し、他面には地理上の研究を積むときは、地理学上において世界に貢献し、したがって文明国民としての地位も大いに昂上すべく、しかして副産的に得たる材料は計数上において有利である。ただ従来これらは一切不問に付せられ、暗黒なるに任せてあったのであるが、これらを調査し利用することは東洋人の天職にして、すでに模倣的にもせよ、工業の発達せるわが国民が当然手を染むべき有利の事業である。

実力の養成は研究所を必要とす

明治の時代は二大戦役〔日清戦争と日露戦争〕によりてわが国を強国に列せしめた。兵力の強盛、もとより望ましきことであるが、今後強国の実を挙げんとすれば実力を養成するのほかなく、実力の養成は工業に待つ。わが国古来、農業をもって立国の本としたが、土地狭少にして限りあり、大いに国富を増進せんとすれば、工業の進歩に待つのほかない。しかして工業の進歩は既論のごとく他国に模倣するを許さぬ、自ら発明せなければならぬ。

現時工業の試験研究所としては、農商務省の工業試験所あり、台湾には中央研究所あり、ともに科学的研究を行い、相当の効果を挙げ国家のために益しているであろうが、これらの研究所は官設にして官吏たるものでなければ研究に従事することができぬ。国民的に何人でも志あるものがこれを利用するには不便の感なきを得ぬ。余は決してこれを非難せんとするものではない。既設の設備はそれとして別に国民的に何人でも研究しうるの設備の必要を痛切に感ずるものである。

工場自ら研究することは有利であるが、配当の多からんことを望む株主を背後に有する会社の事業としては、蓋し困難である。工場としては一人でも無益に遊ばせておきたくない。できるだけの活動を要求する。しかるに、発明事業は一朝一夕にしてできるものでない。会社も一、二年間は研究に従事せしむることあるも、三年、五年の久しき、何のなすところなく、目的に向かって専念一意するを好まぬであろう。これ営利を目的とする事業として多少諒とすべき事情なきにあらぬ。

これにおいて余は国民的化学研究所を設置し、新工夫を懐ける人士をして就いて研究するの便を有せしめ、わが国人自ら発明の事業を大成し、国富増進に邁往するを最も急務と信ずるものである。

発明の能力者三千余人

時期はすでに熟したとするも、これが研究に従事する人材がなければ如何ともすることができぬ。しかるに維新以来、教育制度が普及し、ことに高等教育を受けたるものが増加し、大学を卒業した化学者はすでに二千人に近く、高等工業その他の専門学校を修め、技術的能力を備うるものが約千五百人あり、通計すれば三千以上、三千五百人の化学者があるのである。このすべてが発明的能力を有するとは限らぬが、彼らは適当なる機会だにあれば発明しうべき基礎的学問を具うるものである。

かく発明の力ある者はある。しかし、彼らはそれぞれの仕事に従い、発明工夫の時をもたぬ、よしまた何らかの工夫を考案したとするも、これを試験すべき資金に乏しく、また工場に設備をもたぬ。彼らは天才を有するもこれを発揮すべき機会を与えられぬのである。これ、彼ら化学者の不幸たるのみならず、国家の一大損失と言わねばならぬ。

余が計画せる研究の方針

余が設置を熱望せる化学研究所は、いまだ具体的成案を得ておらぬ。さらに調査を要することあるも、大体の方針としては、

一、中央に一の研究所を設け、研究に必要なる各種の設備を完成し、各科専門大家を聘して、その指導の下に俊才を抜擢して各種の研究に従事せしめ、また何人でも有益なる考案ありとして提出したものは、一定の機関によりてこれを調査し、有益なりと認めたものに対しては、官民のいずれを問わず就いて研究せしめ、試験に要する助手、費用及び設備等を自由に使用せしむるのである。

中央の研究所には評議員を置く。評議員には化学上の修養ある先輩諸大家二、三十名および実業家にして工業に趣味を有し、斯事業の大成に熱心なる知名の人士二、三十名を集め、その中より評議員会長をはじめ日々の実務を処理すべき常務員および書記等の諸機関を設ける。事業は化学的と言うも、研究の範囲は多方面に関連せるをもって評議員たるものもまた広く各方面にわたり、研究者を指導するに便じなければな

らぬ。

二、しかし、研究は必ずしも中央の一ケ所に限るべきでない。地方に公私の事業に従事する者にして、事情が東京に来て自ら研究に従事するを許さぬものがある。例えば、九州方面にある化学家、または実務に当たれる者にして、あるいは発明の考案を有するも、時間と資金とをもたぬために試験を行うあたわざる者に対しては、評議員会の調査により有望なりと認めたとき、あるいは助手を供給し、あるいは資金を給与する等、各方面にわたって研究の便宜を与うる。言い換うれば広く考案を天下に募り、その大成を助けんとするのである。

三、研究の結果はいずれの日に成功するかわからぬが、幸いにしてある種の発明を大成したるときは、研究所は内地製造家に一定条件の下にこれを交付し、あるいはこれを外国に譲与し、ために利益を挙ぐることができれば、一定の歩合を発明家に給与することは無論である。由来、発明の奨励をもって目的とする事業であれば、奨励的にも歩合を与えねばならぬが、同時にまた研究所は永遠を期して大成するものであれば、その発展完備に要する費用の一部を、成功せる発明の利益に仰ぐこともまた当然であろうと信ずる。これらの歩合はいかに決定するか、また特許権は何人の名義をもってするか、特許権を実施するに際し、何人を(研究所は財団法人とすれば自ら事業を営むを便とせぬ)して製造販売の任に当たらしむべきか、これらは今日未定の問題である。しかし、大体の設立問題が解決すれば、これら枝葉の小問題は刃を迎えて決せられるであろう。

研究所の費用と一等戦艦

斯事業はその性質よりするも一時的でなく、永久的である。不断に研究し、多数の問題中より一でも有利に解決せらるるものがあればよいのである。したがって、斯研究所を維持するには基金の利子をもってせねばならぬ。しかして基金の額は千万円以上二千万円くらいを要する。口には千万円というが、今のわが国民にとりてはこれは少なからぬ金額である。これが十年以前であったならば、世人は耳を傾けなかったであろうが、今や時機すでに熟している。必ずしも難しとせぬであろう。余が今回の帰朝後、二、三の有力なる実業家に会談した時、彼らは「もはやこんにちは真似する時でない。大いに金儲けして国富を増進せんとするには、従来他人のいまだ手を着けぬ新しきことをせねばならぬ。いつまでも他人の束縛を嘗むるは発展する所以でない」

と言っていた。わが実業家もまたすでに研究所によりて発明を奨励するを急務とするものである。

一、二千万円の資金はドレッドノート〔第一次世界大戦時の英国の戦艦〕型の戦艦一隻を建造するに当たる。かつて義勇艦隊の建造に努力した国民は、国富を増進すべき事業のためにド型艦建造の費を惜しまぬであろう。ド型戦艦は国防上有力であるも、その勢力は日一日に衰え、一定の年月を経れば廃艦となるのである。研究所は最初は大した結果が見えぬらしきも、年とともに進歩し、戦艦が廃艦となれる頃には、すなわち世界を驚倒すべき大発明もできるであろう。したがって、これが寄付金は単に寄付するのみでなく、その資金は永久に活用せられ、研究所の存立するかぎり、発明の社会を益するかぎり、長く活きて働くのである。寄付としても極めて有利である。

日本人も発明的能力がある

ひるがえって外国の事例を見るに、いずれも研究所によって大発明をなしたるにあらざるなし。従来、発明といえば何か偶発的のように考えたのである、また些細な偶然的のことでも、個人として利益を得た例もないではないが、今後の発明は科学に基づいたものでなければならぬ。

有名なる米国の富豪ロックフェラー氏〔ジョン・ロックフェラー一世。一八三九―一九三七〕は順次に二千万円までの資金を寄付することを約し、紐育〔ニューヨーク〕にロックフェラーリサーチ・インスチチュートを設立し、もっぱら病理病源の研究に従事せしめている。創立以来わずか六、七年にすぎぬけれども、その結果はボツボツ顕れ、同所にいるドクトル・カロール〔アレクシス・カレル。一八七三―一九四四〕の発見のごときは世界の医学者を驚かし、同年のノーブル〔ノーベル〕賞金授領の名誉を荷うた。また同所設立以来従事せる、邦人野口医学博士〔野口英世。一八七六―一九二八〕は従来まったく不明であった小児の病気の原因を昨年発見した〔野口は一九一三年に小児麻痺〔ポリオ〕の原因菌を発見したと報告したが、これは後に否定された〕。思うに、遠からずこれが治療法も発明せらるるであろう。この事実に見るも、邦人に発明的頭脳あることを知るに足るとともに、野口博士がかくのごとき発明をなしたのは、野口氏そのひとの俊才たることもあるが、主因は時と資金とをもって研究の機会を与えられたるによるのである。

また、北里博士〔北里柴三郎〕の門下にして、独逸のエーリッヒ博士〔パウル・エールリヒ。一八五四―一九一五〕の指導の下に六〇六号〔梅毒治療の化学療法剤サルバルサン〕を発明した秦佐八郎氏〔一八七三―一九三八〕のごときも、氏の頭脳の卓絶せることは無論であるが、この頭脳の長所を発揮すべき適当の機会を与えられたればこそ、かかる成功をもたらしたのである。

由来、日本人は模倣敵国民と称せられているが、模倣に巧みなることは発明の前兆である。従来、米国はすべて欧州の真似をしていたのである。鉄を製造するといっても、欧州の技師を雇い、その方法を学んだのであった。しかし、労力に乏しく賃金の不廉な米国は多人数を使用するに堪えず、したがって労力を省約すべき機械的設備を必要とし、必要は発明を生んだのである。かつて模倣を事とした米国が、今や世界的大発明を続々供給しているでないか。わが日本は今や米国の初期を経過しつつあるので、米国の例を推せばわが国民もまた必ず立派な発明家たるべき資格を有するものである。わが国いまやすでに三千余の化学者を有している。もし研究に適当なる機会を与うれば、三千人中必ず世界を驚かすべき大発明を出しうると信ずる。

この研究所を完成したき余の素志

要するに将来、わが国民が工業上に大いに発展せんとすれば、日本およびその他の東洋における低廉なる材料を研究し、これにわが進歩せる学理と熟練とを加え、もって高価なる物品を製造し、遠く欧米諸国に輸出すべきである。これ多少の年月を要し、迂遠のごとくであるが、わが国富の増進はこれをほかにして期することは難い。

余は年少に藩費をもって長崎に留学を命ぜられ、のち工部大学〔校〕に入り官費で教育され、さらに官費をもって英国に留学を仰せつけられた。幸いにして今日あるを致したのは、一に公衆の資金によったのである。これをもって微力あえて当たらぬけれども、常に公衆のために尽くすことを念とし、在米二十年に達し、大使領事の交迭あるも、余は依然として紐育にあり自己の研究に従事し、かたわら同地の有力者と交際するの機会もあるので、常に日米の親善、在米同胞の体面をよくし、地位を向上せしむるにつき微力を惜しまぬものである。今や研究所設立の機運熟し、しかして世界の大勢は一日といえどもこれを緩うせぬを思い、奮って率先、この議を提唱する所以である。

立案いまだ成らず、計画いまだ歩を進めぬけれども、記者の請いに応じて卑見を述ぶ。貴誌〔『実業之日本』〕によりて余の計画の大体を伝え、世論の同情と後援とを得、もって研究所の事業を大成するを得ば、余の愉快は限りないのである。

初出『実業之日本』16巻11号（一九一三年）

理化学研究進歩の賜だ

理研設立に伴う用件

余の今回帰朝せるは、かの官民合同にて設立せらるる理化学研究〔所〕に関する用件にて、渋沢栄一男〔爵〕その他から促されたのを主なるものとする、まず二、三ケ月滞在の予定である。

理化学研究所の必要なることは言うまでもなきことで、先年帰朝の節も個人として朝野の人士にこれが設立を勧説したこともあったが、時勢の進運、特に時局〔第一次世界大戦〕の推移に促されて、先般いよいよこれが創設を決定し、昨今は設立方法および内容その他につき具体的成案定まれる由なるが、これわが理化学進歩のためのみならず、理化学を基礎とせる諸工業その他の発達のため大いに慶賀に堪えないのである。

今日すでに存せざるべからざる理化学研究所が今日始めて成らむとするのは、時勢に後れたるの憾ありといえども、これなきに優るは万々、かつ当初の計画のごときものならむには、まずもって満足して可なるべく、欧米数ケ所の研究所に比するも著しき遜色なかるべきか、その設立につき余また従来の経験に基づき意見を披瀝するに吝ならざるはもちろん、三ケ月の滞在中にもできうるかぎり創立委員その他の人々とも協議する心算で、その設立後は、わが国理化学の進歩と、これを基礎としこれと関連せる諸事業の発展に貢献するところ大ならむことを衷心期待するものである。

理化学研究の大進歩

近来、米国における理化学の進歩および化学工業の発達は、実に目覚ましきものあるが、ことに欧州開戦〔第一次世界大戦〕以来、化学工業品の輸入減少したるに刺激せられて、化学工業は格段なる発達を遂げ、薬品染料等で、従来、独逸〔ドイツ〕その他よりの輸入品に比し遜色なきもの数多製出せられ、品によりては在来の独国品よりもはるかに優良なるものあるに至った、米国における化学工業薬業等が最近におけるこの偉大なる努力の価値は大いに認めねばならぬ。

これらはまったく理化学研究の大進歩によるもので、この事実に鑑みるも、今回創設せられむとする、わが理化学研究所の完全なる発達を望まざるをえない。しかしてこれと同時に、この研究所の今後米国の状態を参考とし、これに待つところ大なるを信ずるものであるが、幸い余は米国斯界の現状および従来における発達の経路を知悉しておれば、これらについて紹介助言するを惜しまざるものである。

同行のハーシュ博士

なお、今回同行したるハーシュ博士は、年齢わずかに三十八歳の壮者であるが、化学者として米国理化学界における名声地位はすでに老大家をしのぎ、理化学の蘊蓄深大なるはもちろん、技術と経験とは実に米国内にも得やすからざるところで、先般、日本染料会社〔日本染料製造株式会社（現住友化学株式会社）〕の需に応じ、米国学者仲間の紹介に基づき、余が同会社の顧問に推薦し、会社の事業につき相談にあずかることとなったのである。会社にとっては実に有力なる助言者を得るものといってよい。

ハーシュ博士は、すでにバッファローのデイヴァン会社その他の顧問であって、日本の滞在期間は大約三ケ月であるのだから、会社にとりては少しく物足らざる心地もするだろうが、会社には下村孝太郎(一八六一―一九三七。化学工業技術者)博士以下、学問技術において優秀なる人士の多いことだから、博士の助言献策を十分利用するには遺憾がなかろう。聞くところによれば、日本染料会社も三月頃にはいよいよ製品を市場に供給することとなっているそうだが、下村博士等、多年研究の余になっておるのであるから、その製品なるものが恐らく予期以上のものであろうと信じつつあるのである。

初出『鉄工造船時報』2巻1号(一九一七年)

一研究の成功も富国の大道

科学研究所設立の経過

大正二年〔一九一三年〕六月二十三日、予は工業化学に関係ある学者および実業家、ならびに工業化学会の役員および賛成員諸君を築地精養軒に招待し、同席上において時世の進運に鑑み、本邦に大規模の化学研究所設立の急務なる所以を発言したるに、満場の諸君はこれを賛成せられ、渋沢〔栄一〕男爵〔のちに設立者総代として理化学研究所の設立を政府に申請することになる〕の発議により委員を設けてこれが調査を進むることとなれり。しかして、この委員選定の準備として、渋沢男爵、中野武営氏および高松〔豊吉〕博士と予との名をもって再び有志諸君の会合を催し、同年七月三日、帝国ホテルにおいてこれを開き、予の原案について協議するところあり。結局、同日来、会せられたる池田〔菊苗〕、高松、高山〔甚太郎〕、田原〔良純〕、長井〔長義〕、古在〔由直〕、桜井〔錠二〕の七博士および鈴木博士〔梅太郎〔一八七四—一九四三〕〕に設立すべき研究所の規模、ならびにその組織および経費について調査立案せられんことを託したり。のち数日にして予は欧州を経て帰米すべき旅行の途に就きしが、爾来、八博士は数回会合して審議し、一定の成案を具してこれを渋沢男爵、中野武営氏等の有志諸氏に報告し、渋沢、中野、高松三氏はこの成案を事実にすべく三十人の委員を選定せられ、この委員諸氏は同年十二月十二日、東京商業会議所において会合し、八博士の起草に係る規定案ならびに予算案について協議するところあり。爾来、ある時はこれを当局者に陳情し、またある時はこれを帝国議会に請願する等のことあり。大正三年〔一九一四年〕三月十二日、再び東京商業会議所において委員会を開き、右の陳情ならびに請願等について協議を凝らせりという。しかして爾後、今日に至るまでには委員諸君にも幾変遷あり、一般社会のこれに対する意向もまた進展し、ことに帝国議会の有力なる議決さえありて、今日堂々たる理化学研究所創立事務所の設けらるるに至りたるは、一に渋沢、中野、高松、桜井等諸氏、ならびにその他の委員諸君の熱誠によるところにして、予は在東京の友人よりの時々の通信によりてこれを知り得、常に深く感佩(ぱい)してやまざりしなり。

英独研究所の偉大なる力

欧州の戦端は今や世界の大戦〔第一次世界大戦〕となり、その禍乱の広汎なる、いまだかつて見ざるところにして、しかもその影響は政治にも軍事にも、はた産業にも及ぼして、ほとんどすべてにおいて世界の趨勢を一変せり。わが化学工業もまた実に然り。近く英国政府が特に科学および産業研究部という一大機関を設け、枢密院議長および文部大臣を挙げてその正副部長となし、大蔵省まず巨額の資金をこれに支出し、かつ一般商事会社の寄付を求め、その利益金の一部を割きて寄付するものにはこれを営業費とみなして課税を免除する等の特典あり。しかして研究奨励上、各種の産業協会を設立せしめて本研究部監督の下に活動せしめ、また個人の研究事業にも補助を与うることとなしたるがごときは、誠に刮目して見るべき事実なり。由来、英国は必ずしもこれらの研究事業を等閑に付したるにあらず。現に「ローヤル・ソサイテー〔ロイヤル・ソサエティ〕」の経営に係る研究は一九〇二年以降、その業務を開始し、盛んに発明的研究を奨励しつつありたるなり。しかれども、開戦以後の趨勢はかかる一研究所に満足するあたわず。すなわち、百尺竿頭に数歩を進めて上記研究部の設置を見るに至りたるなり。

吾人は開戦以後の独逸〔ドイツ〕の情勢を詳知するに由なしといえども、かつて聞かざる新戦術の連発するを見、予測以上の食物の欠乏せざるを聞きては、かの「ウイルヘルム」皇帝研究所〔カイザー・ヴィルヘルム研究所。現在のマックス・プランク研究所〕をはじめとし、その他の多数の理化学研究の研究業績が、今回の戦争において軍事上にも産業上にも独逸に利あらしむることいかに大なるかを想像するに難からず。重囲の中にありながら、なおかつ余喘を保ちうる所以のものは、実にこれら研究所の業績に負うところ甚大なるや必せり、あにそれ思わざるべけんや。

発明の基は自由研究

化学工業の勃興は現代各国の一般大勢なり。予は今回帰朝して見聞するに、本邦もまたこの大勢の実に滔々として盛んなるものあり。これもって大いに祝すべしとなす。思うに、この大勢は各国、今まさに長夜の眠りより覚めたるの徴候にして、しかもこれが暁鐘たるものは開戦前、ほとんど独逸の独占たりし化学工業的生産物の開戦以後供給途絶したるによる欠乏の刺激、すなわちこれなり。それゆえに、ひとたび平和克復せんか、原産国の廉価供給は捲土重来し、模倣事業はこれと競争すべくもあらずして敗衄（はいじく）し、ために今日勃興せるこれら工業中、あるいはその持続、はなはだ覚束なきものなしと言うあたわず。

模倣必ずしも非なるにあらず、ある時代における独逸の化学工業もまた模倣をこれ事とせることとありき。しかれど、模倣はついに独創に超脱するあたわず。独逸の化学工業の著しく発達し、ほとんど独占の概（がい）ありたるものは、その頻々成功せる独創的発明の賜たらずんばあらず。独創的発明は天才者に依りて偶然に為さるること無きにあらず、しかしながら、そは長年月間に稀に見ることある事実なるのみ。要するに発明はこれを僥倖に待つべからず。科学教育普及して、まずその基礎をなし、自由研究所設立せられ、学理上の研究を奨励するものあり。ここに始めて発明の望むべきなり。これ独逸の化学工業の発達史に徴して知らるるところにして、またかつて科学教育に遺憾ありとも覚えざる英国が今や匆惶（そうこう）として研究部の設立に努むるに見て明らかなりとす。

本邦の科学教育はなおいまだ普及せりと言うあたわざるべきも、業（すで）にすでに帝国大学および専門学校を卒業せる化学者数千人に上れりと聞く。これらの人々は、よしやそれぞれの定業に就きつつあるにもせよ、すなわちこれ独創的発明の素養ある学者なり。すでにその人あり。あにこれを容るるの研究所なくして可ならんや。これを英国の措置に鑑みて、今の時、化学研究所の設立は真に焦眉の急に迫れりと言うべきなり。

予が警告は完成せり

予は先年、満州の大豆について警告し、ただその油を搾取するのみにして残余を肥料に供給するは、あまりに利用を無視したるものなることを慨嘆したることありしが、果たして東北大学工学部教授佐藤氏〔佐藤定吉〕はこれについて真摯なる研究に着手せしに、幸い、同大学総長北条氏〔北条時敬〕の助言により、塩原氏〔塩原又策〕の研究費を寄付せるありてすなわち成功し、最も応用広き「セルロイド様耐火サトウライト」の発明を遂げたり。これは本邦化学者の面目を起こしたる独創的大発明にして、まことにもって世界に誇るに足るなり。しかして、この大発明たる、もとより佐藤氏の熱心研究によるといえども、これが研究の資を供して幇助(ほうじょ)する者なかりせば、あるいはかくまでに敏速なる成功を見るあたわざりしやも、また知るべからざるなり。然り、独創的発明の志望を抱く者、世あに佐藤氏に限らんや。その研究の地を得ず、その研究の資乏しきがため、空しく埋没して現われざる者、決して無しと言うあたわざるなり。ゆえに、自由研究所を設立して有志の徒に研究の資を供し、研究の地を得せしむることは一刻も躊躇すべからざる重要事なり。

わが国研究所活動の大範域

言うなかれ、化学研究所を設立するも当面の問題なしと。最近の一例は軍艦筑波自爆〔一九一七年一月、横須賀軍港内で巡洋艦「筑波」が爆発沈没した事件〕し、国民を驚倒せしめたることとなり。自爆とは何ぞや。これ火薬の自然分解による発火ならずや。当局者は常に火薬に対し最善の貯蔵法を取りつつあるべしといえども、しかもある不可抗の機会においてこの自然分解を免れざるは、火薬化学になお研究の余地ある徴証なり。もしそれ、これを研究し自然分解を防止することを発明し得んか、軍事上にも経済上にも、まことに莫大の利益あるや多言を要せざるところなり。

また、かの空中窒素の固定採収法のごとき、仏〔フランス〕の「セルベツキ」法〔Serpek法。窒化アルミニウムを用いた空中窒素固定法〕も独の「ハーバー」法〔ハーバー－ボッシュ法〕もいまだもって充分なるものと言うあたわず〔空中窒素の固定法はその後、一九三〇年代までに各種方法が出揃い、完成を見ることとなる〕。これを研究し改良するの余地、はなはだ多きを信ず。しかもその不完全なる方法すら、これを本法に実用せんには一ケ年百万円以上の発明権行使料を支払わざるべからず。もし本法の研究者にして研究に成功し、彼らの方法よりも採収費を節約しうる方法を発明せんか、そは本邦において多額の利益あるのみならず、世界の各国より多大の行使料を徴収しうるの利あるべきなり。

また、人工護謨〔ゴム〕のごときも、いまだもって方法を尽くしたるものというあたわず。なお数段の研究を進むることを得ば、最後の成功を本邦人の手に収得することもまた決して難きにあらざるなり。

研究所設立は聖旨の奉体

その他、詮（せん）じ来れば凡百のこと、学者の研究を待つものははなはだ多く、また東洋固有の材料にしてこれを加工し、変形もしくは変質して瓦を玉に化せしむるの利あるもの、必ずや少なきにあらざるべし。しかしてこれらの研究にして、もしその一を成功するも、国富を増進すること、すこぶる大なるは今さらに喋々を要せざるところなり。研究所の経営方法のごときは、すでに委員諸君の講究に尽きたるがゆえに、今はた贅言（ぜいげん）を費やさざるべし。ただ予は信ず、発明の成功多ければ多きほど研究所は工業所有権を獲得すること多く、これによりて自ら資金の増大を来すべく、またこの工業所有権獲得を予定して、研究所は資金募入のため事業債券を発行することもまた不可能ならざるべしと。

伏して惟（おも）みれば、明治天皇陛下は聖徳神功、その詔勅は真に日月のごとく時代を照鑑したまうこと、今に至りてますます感激に耐えず。すなわち、ご即位の始めにおいて五箇条の御誓文を宣わせて国是を定めたまいしが、その五箇条に「智識を世界に求め、大に皇基を振起すべし」とあり。開国の第一歩において欧米先進国の文物を吸収するに急なりしは、実にこの国是の然らしむるところなり。しかれど時代進展し、文運ようやく隆昌なるに至りては、明治二十三年〔一八九〇年〕に教育勅語を下したまう中に「学ヲ修メ業ヲ習ヒ以テ智能ヲ啓発シ徳器ヲ成就シ進テ公益ヲ広メ世務ヲ開キ」云々とあり、これあに絶大の聖訓ならずや。業にすでにこの時において模倣の時代は過ぎ去るべかりしなり。人々学を修め、業を習い、自ら智能を啓発し、もって独創的発明に当たるべきの秋なりしなり。しかして畏くも、今上陛下〔大正天皇〕は即位の大礼において、勅語を賜う中に「朕ハ爾臣民ノ忠誠其ノ分ヲ守リ励精其ノ業ニ従ヒ以テ皇運ヲ扶翼スルコトヲ知ル」とあり、吾人は誠惶誠恐、この聖旨を奉体し、明治天皇の聖訓に悖らざることを期せざるべからず。しかれば研究所を設立して公益を広め、世務を開くも、また自ら研究に任して励精業に従うも、みなこれ、聖旨に遵う所以なるを信ずるなり。

初出『実業之日本』20巻7号（一九一七年）

時局と本邦工業家の覚悟

わが国における工業は近時非常なる長足の進歩をなし、ことに時局〔第一次世界大戦〕以来、内外の刺激により一層その度を強からしめたのであるが、顧みるに今より三十四、五年前、余が農商務省工務局に応用化学専門の技師として奉職せる当時のごとき、当時経費は僅々三十万円内外の少額なりしに、今や三千六百万円という巨額に達し、なおかつ希望する施設を行うに足らざる有様なりというが、今これをその当時に比較する時は約百二十倍の発達にして、実に今昔の感に堪えざる次第である。余はその当時わが国において始めて試みられたる東京人造肥料株式会社が資本金十二万五千円をもって設立し、過燐酸石灰の製造をなせるも、当時一般の社会、ことにこれが需要者たる農民等はこれが効用を知らざるため、販売について非常に苦しみ、全国地方各府県を行脚して肥料の効能を説き回れるが、その当時かくのごとき経営および販売に苦しめる会社も、現今においては資本金千二百五十万円に増加し、創立当時の資本金に比較する時はこれまた実に百倍の増加を示しておるのである。過燐酸肥料のみにても以上のごとき異常なる発達を示しおれるが、さらにこれを現在の肥料会社の総資本金は約三千万円と称せられつつあるが、これをもって見る時は実に三、四百倍の増進となれるわけなれば、これをいずれの方面より見るも非常なる発達をなしつつあるを知りうるのである、余が米国に行きてよりもはや三十年近くの年月を経おれり。しかしてその間、三年もしくは五年ごとに帰朝しつつあるが、そのたびごとにわが国の工業が駸々として進みつつあるの状を著しく感ずるのである。ことに今回帰朝し、時局以来著しく発展したる状況に対して国家のため、まことに慶賀に堪えざる次第である。

しかるに、わが国工業発達の状況を仔細に観察する時は、外国の工業をそのまま輸入するもの即模倣をなすの甚だ多きを見るのである。人真似も、もちろん必要には相違なきも、これのみをもって我が工業の方針として進むべきものにあらざるのである。わが国にはわが国固有の材料を多く有しおれば、その材料を採ってこれを基礎として研究し、試験し、改良していくがごとき最も必要なることである。智識はもちろん、広く世界に求め、これを消化して、方法は独創でなければならないのである。極めて古き話に属するが、余が農商務省に奉職せる当時、工務局の分析課長の職を奉じておりたる当時においては、いわゆる日本固有の材料より研究を進めるという方針の下に、各自その分担を定めて、当時余は酒の醸造に関する調査の機関に乏しきを感じ、地方にこれが勃興を望みおったのである。その当時から考える時は実に夢のごとき話であったが、その後、大規模の国立工業試験所ができ、高松〔豊吉〕博士が所長となられ、また本年は大阪にも増設さるるというがごとき有様である。余はその夢想せる当時を追想して、その実現を見て喜びに堪えないのである。

余は工部大学校の卒業生にして、その後、英国において研究して帰朝せる当時、有名なる化学者宇都宮三郎先生に余の就職口を依頼せるに、余が英国において曹達〔ソーダ〕に関する研究をなせる関係上、王子の印刷局に付属せる曹達研究所に入所するようとのことなりしも、余はこれに対し曹達の研究ならば、斯道に熟達せる人々が外国に多くあれば、それらの人を招聘せられた方が得策にして、余は日本固有の化学に関係する仕事のできるところに奉職したしとの希望を述べ、工務局〔農商務省の一部局〕に入れてもらったわけであるが、同局において調査研究中、前申せしごとく醸造の研究を始め、追々興味を加え来り、日本在来の麴にさらに西洋式の工夫を加えたならば面白き結果を得るならんと思い、ついにその研究を携えて三十年前渡米せる次第である。タカジアスターゼーも右〔の〕麴の式を応用したるものにして、現今においては世界到るところ、わが国有の材料に出発したる発見物が分布せられておるのである。また、織物の糊抜きの方法に麴の作用を応用して糊抜きの改良を見るに至りしがごとき有様である。いささか手前味噌のようであるが、日本固有の方法を利用するという一例までに述べしものであって、技術者諸君が試験研究せらるる目的もできうるかぎり従来の研究改良に尽くし、さらに進んでその研究が外国に応用ができうるや否やを考えることが必要であると思うのである。すなわち、その数の増加するごとにわが国の工業は世界的に進む所以である。

欧州大戦開戦以来、米国においても薬品染料等、従来独乙〔ドイツ〕より供給を仰ぎおりたるものが輸入途絶したるため、一時非常なる困難を感じたるも、苦心の結果、これら従来供給を受けおりし品目の製造をなすに至りたり。由来、亜米利加〔アメリカ〕は何事によらず一度着手すればそのことは必ずや世界一を期するのである。これを鉄において見るも、元来欧州が本家なりしも、一度米国において製鉄を開始してより今日においては世界一を実現して、アルミニュームの製造のごとき僅々二十年前より着手せるものなるが、今やこれまた世界一となるに至ったのである。しかして時局以来、わが国と同様に薬品、染料については非常に困難を感ぜるものなるが、現今においてはその製造所のごとき数ケ所に大規模のものを見るに至り、まったく国内における需要を満たすに至ったのである。しかるにさらに戦後において独乙等が復興し来れる時は、これに対抗せんとせば、現在のままにては到底不可能なりとの見地より、これら数ケ所の製造家が一個の大会社に合同し、しかして従来の製造家が各々原料物のみ、中間物は中間物のみ、製造は製造のみという風に各分業的に一方面に力を尽くして、合同により大いなる力を加えんとするに出でたるものにして、かくのごときはわが国の商工業当事者およびこれが指導の任に当たるもの等の深く考うべきところである。由来、わが国の弊風である一時的小利のため同士討ちをなすがごときは絶対に不可にして、これはひとり染料の問題のみならず、すべての事業に関し、ことに注意すべき事項である。従来、わが国においては労働手間賃の安きをもってわが工業の長所となしおれるも、かくのごときはいつまでも頼りにすべき問題にあらざるのみならず、現に独乙、墺地利〔オーストリア〕のごとき手間賃は相当高率なるにかかわらず、機械の応用によりて製品ははなはだしく低廉にできあがりつつあり、米国のごときもまた手間賃においては非常に高き方なるも機械の利用の巧みなるため時計一個の機械が一弗〔ドル〕にて製造されおれるも、わが国においては到底不可能なるが、要するに将来は労力に機械的の応用をなし、生産額の増加をはかる。まことに今日の急務にして、これが実行を期せんとせば、一面、当局者の熱心なる指導と奨励にまたねばならぬのである。しかも一般技術家、研究家諸君が研究に従事し試験中においても種々困難なる問題、煩雑なる事情が多々生ずるのであるが、これらは国立工業試験所、さらに進んでは理化学研究所等につき研究を進め、前述のごとき方針をもって進むを緊要とするのである。偉大なる発明は必ずしも立派なる事務所を持ち、学者が集まったとて必ずしもできるものにあらず。余が発明せるアドリナリン〔アドレナリン〕のごときも薄暗き紐育〔ニューヨーク〕の地下室を借りて完成せるものである。研究所設備の完全なると、不完全なるとは決して発明する事柄には何らの関係をも持たないのである。

今や工業は国豊を増進すべき重要なる事項にして、その発達は日本をして世界的に導くものなれば、これが遂行に関しては官民協力〔を〕もって尽力し、この絶好の機会において大いに努力すべきは最も緊要のことなりと言うべきである。

初出『日本化学工業新聞』第2年11号（一九一八年）

英米両国の化学工業保護法について

会長および諸君、私は今晩は皆さんの前に参りまするのを非常に愉快に思います。この工学会の初めて創立になりましたのはたしか明治十二年〔一八七九年〕かと思います。工部大学校の第一期の卒業生が寄りましてこの工学会を起こしました。ちょうど私もその二十一人でしたか二十二人の末席を汚しておったものであります。私もしばらく外国におりまするので、ことにこの工学会の年会のありまする時分にちょうど日本に出遇わしておったことはごく稀なくらいであります。たしか三十年ばかり工学会の年会に出なかったのでありますが、ちょうど幸いに今日はこの会ができましてから四十一、二年目の総会でありまして三十年ぶりで出ました。その時分のことと今日の日本の工業の有様を比較してみますと非常な違いであります。覚えておりますのはその時分の鉄道であれ製鉄であれ、あるいは金銀山であれ、すべて当世風の知識を使っておりました工業というものは多くは外国の技師を技師長として聘してやっておったわけであります。したがってその数も非常にわずかであったものであります。それと今日の有様を見ますと、どういう工業でも日本の技師が技師長をやっておられる。その方々は大概、この会員であらせられる。いかにも小さなわずか二十名そこそこの会員であったところの工学会が今日の盛大を来すようになり、したがって日本の工業の進歩も工学会の成長と並行しておるように思われます。一は工学会のために賀し、一は国家のためにお互いに賀さなければならぬと思います。

今日申し上げようと思いますのはほかのことでもございませぬが、この化学工業の保護政策、英吉利〔イギリス〕ではどう、亜米利加〔アメリカ〕ではどうということの大略をちょっと申し上げたいと思うのであります。この頃帰朝いたしまして私の昔の化学者仲間友人と寄合をいたしまして、一体、日本の化学工業というものはどうなるのでしょう、戦中〔第一次世界大戦中〕に外国から化学品が入りませぬので一時発達した化学工業は今日いかがでありましょう、一遍休戦という報告が出まして以来、もう片端からバタバタ倒れておるような有様であります。このままでおきますれば、これで化学工業というものは発達していくでありましょうか。一体全体、日本の化学工業というものは日本の将来にとりまして、どういうものでありましょうかというと、無論、化学者であるから自分の田へ水を引くのでありましょうか、日本の将来の発達、大国強国となってその世界の大国と交際をしようというには今の生糸や雑貨などをやっておったのでは到底世界と交際はできないと思います。それにはどうしても、われわれの眼の前に横たわっておるところの支那〔原文ママ。中国〕、西伯利〔シベリア〕、満州、朝鮮、すべてあの辺はまだ発達されないで天がわれわれに与えるところの財源、東洋の先進国であるわれわれは、ことにこの工学会の会員は進んでその財産を発達させて、そうして東洋の文明ならびに平和を維持していかなければならぬ、それをやることは日本人の肩に背負っておる点でありまして、最もその中、化学工業ということが大切な事業と思います。しばらくの間に独逸〔ドイツ〕があれまでの財源を起こしたというのは、この化学工業によって多く国を立てたのであります。してみれば、化学工業というものはどうしても発達させなければならぬということは、技術家も実業家も政治家もその方針によって進まなければ日本の先々が怪しいだろうと私は思うのでありまます。しかるに今日の有様はいかがでありましょう。休戦後バタバタ、まるで骨牌（こっぱい）の家を造ってその家が倒れるがごとき有様であるので、このとおりにしておけばどうでしょう、もう必ず今にこちらでは引き合わぬようなものも独逸が製造して製品をこちらに送るようになれば、バタバタ倒れることは火を見るより明らかなことと私は思うのであります。それで私の説というわけでも何でもありませぬが、現に英吉利あたりではあの自由貿易と言って、過ぐる百年この方、自由貿易を主張しておった英吉利も今度は戦後の有様に省みまして、化学工業というものはどうも一つの特別の保護政策をやらなければ、また独逸が来てバタバタとやられてしまうということを実地に思い付いて、そうして昨年〔一九一九年〕の二月でありましたか、このライセンスシステムという法律を拵えまして、そうしてこの英国内地における化学工業を保護したのであります。そのライセンスシステムということは、皆さんご承知のとおり、化学品、染料、すべてコールター〔ル〕を本としてやったような製造品の輸入を禁ずる。ただし、輸入してもよろしいというものはライセンスの書き付けをやり、ライセンスをやらないものは禁ずる、国内で拵えてみてこういうような物ができる、そのできる物を輸入させた日にはその事業が潰れるからできる物は輸入させない、しかしかくかくの物で英吉利に需要はあるが製造が届かないというものは、あるいはその輸入を許すかも知れない、その許す許さぬは例えば染料の製造業者、それから染料を使う人、織物屋であるとか、紙屋であるとかいう者がそれぞれの代表者を出し、これに加うるに政府の代表者を出して決めた？・〔欠落。原文ママ〕出したものはライセンスを与えてよろしいことになっております。それで、国内で拵えて外から入れないということに法律をもって保護し、それからテンミルリオンパウンド〔テンミリオン・ポンド。一千万ポンド〕すなわち日本の一億円であります。一億円の染料製造会社を設立して、これまであるものを合併して一つの大会社となして、政府が一億円の中、何でも一七〇〇万円ですか、政府自ら株主となって、そうして製造業の発達を図っておるという次第であります。これがただ今申したとおり、自由貿易国であって、自分の国で拵えて引き合わぬ物は保護などをしないという方針を数十年とってきたその国がどうしてもやらなければいかぬと言うので、今申したような法律を拵えたような次第であります。

それから亜米利加はどういうような具合にしたかと申しますと、亜米利加はご承知のとおり、民主党と共和党とこの二つがあります。この二つの党の主なる違いは、これまでのところは共和党は保護主義、工業を保護するというのが党派の主なる方針の一つであります。民主党といいますのは英吉利流の自由貿易ということを本位としておる党派であります。ただ今、政府をもっておる党派はすなわち民主党で、自由貿易党であります。けれども、その自由貿易を主張しておる目下の亜米利加の政府は、やはり見るところでは英吉利人の見たところと同じことで、この十二月三日でありましたか、議会に大統領が教書を送りまして、その教書の中に化学品ならびに染料のごとき事業は適当なる法律を設けて、これを保護するようにということを申しておる次第であります。それからまた、実業家はこれまで小さいのが六つ七つありましたのが、みな合併いたしまして、一つの六千万円……一億円近くの資本をもって染料会社ができました。そうしてその上に議会に英吉利風のライセンスシステムという議案が出ておるのであります。その上に税を増しまして染料のごときは四割五分、あるいは五割の税をかけるというこの法案はたしか〔議会を〕通過したことと承知しております。そこでもう一つこの戦中に政府は独逸人のもっておったところの亜米利加にある発明特許が四千四、五百ありました。それをもう一束にして軍艦を一隻分捕るごとく、それを没収してしまった。そうしてその特許を今度、公共の利益を目的とする会社組織、いわゆるケミカルファウンデーション五十万弗以上の資本をもった会社に二十五万弗をもって特許を売ってしまった。そうしてその買った会社は国内で製造者があって、かくかくの特許を使用したいと言えば、そのケミカルファウンデーションはその適当なる方針の下に使用させる。そうして、その会社はその収入から六分の利子だけは株主に払う。その六分以上の配当ができるような残りの金があれば、化学工業の発達を図ることを得られるような目的に使用する。これも米国において化学工業の発達を助ける著しき一つの方法でありましょう。

それで、かくのごとくにして、英吉利でも亜米利加でもちゃんと保護してその国の化学工業の発達を図る。そこで亜米利加はこの戦前までは化学工業の国とは言われなかったのでありますけれども、何しろ国が大きいし、自分のところに天然の富が多い国でありますから、なかなか日本の今日と比較してみますと雲泥の差であります、戦が始まってから非常な速力をもって発達いたしました。それですから、今日、日本に小さい染料の保護会社があるにかかわらず、ドシドシ亜米利加から亜米利加製の染料を持って来て売っておるというようなわけであります。それですから、戦中に起こった小さな会社はバタバタ倒れて行きつつあるのであります。この上に瑞西〔スイス〕から来る、独逸からも来るということになれば、これは滅茶滅茶になるに定(き)まっておる。なに、染料といえば着物の色くらいに思われるかも知れませぬが、この染料の独立ができるということはすなわち、化学品の製造が独立して行ける、すなわち一方の製品が片方の原料になる。二つとも相寄っておって化学工業も染料工業も離るべからざる兄弟のようなものでありますから、一方を潰すということはすなわち両方を潰すということになるのであります。それでこちらで伺いますと、どうも自由貿易風の考えをもっておられる政治家もあるようであります。その自由貿易などということは、一時はよかったかも知れませぬが、ことに化学工業、その他類似の事業に対してごく古い昔の説であろうと思います。どうか一つ、この会の会員、実業家も政治家もこの点に深くご配慮を願いまして、どうか一つ日本の化学工業を将来に安心して発達させるような方法を講じていただきたいと思います。大層古めかしい話でありますが、今晩は大勢の方がお集まりでありましたから、ひと言申し上げて諸君のお考えを請いたい次第でございます。

初出『工学会誌』437巻(一九二〇年)

編者解説

高峰譲吉はタカジアスターゼの発明と、アドレナリンの結晶化の成功で著名で、現在まで日本の科学技術の研究で中心的な役割を果たしている理化学研究所の発案者でもある。本書には、彼が発明とそれに立脚した事業について残した言葉を集めた。

高峰は、一八九〇(明治二十三)年の渡米から一九二二(大正十一)年に没するまで、人生の多くを米国で過ごし、二つの主要な業績も、彼の地で挙げた。彼の活躍した時代に、西洋からの科学技術の導入に奔走した人は多かったが、西洋で科学技術を活用した事業に成功した例は極めて稀であった。グローバル化の中で科学技術を活用した事業に多くの人々が従事している今日、我々は先駆者の言葉をどう受け止めるべきか。

高峰は、日本初の高等工業教育機関である工部大学校(東京大学工学部の前身)の第一期生で、イギリス留学を経て農商務省の官僚となった。自らが企画した東京人造肥料会社(現日産化学株式会社)が設立されると、官を辞してその初代技師長となったが、二年八カ月後に渡米した。渡米の目的は、日本の伝統的醸造技術である麹醸造をアメリカのウイスキー製造に応用しようという、日本からアメリカへの技術移転であったが、これは難航した。しかし、現地での試行錯誤の中で、麹菌からデンプン分解酵素を取り出して粉末として安定させることに成功し、それを消化剤タカジアスターゼとして、一八九四年に特許を取得した。タカジアスターゼは、アメリカの大手製薬会社パーク・デイビス社(のちにファイザー社に統合された)から発売され、高峰は同社の顧問技師となった。このころ、副腎に含まれる何らかの物質が血圧上昇や止血に効果があることが知られ、その単離を巡って国際的な競争が繰り広げられていた。高峰はパーク・デイビス社から原料となる牛の副腎の提供を受けて取り組み、一九〇〇年に結晶を得ることに成功して、アドレナリンと名付けた。実際に単離に成功したのは、彼の実験室で助手を務めていた上中啓三であったことが後に知られた。

高峰譲吉の伝記は様々な形で流布したが、没後には、彼の日本における事業を担った三共(現第一三共株式会社)の創業者塩原又策が一九二六年に刊行した『高峰博士』が諸種の伝記的叙述の底本となった。その後、彼がアメリカで生活する一つの背景ともなる、ニューオーリンズで結婚したキャロライン・ヒッチとその家族に注目して新たな史料を加えた飯沼信子『高峰譲吉とその妻』（新人物往来社、一九九三年）が刊行され、高峰像を立体的なものとした。さらに、発明の過程の再検討を中心に、飯沼和正・菅野富夫『高峰譲吉の生涯――アドレナリン発見の真実』（朝日選書、二〇〇〇年）が刊行され、当時の世界的なアドレナリンを巡る競争を描いた石田三雄『ホルモンハンター――アドレナリンの発見』（京都大学学術出版会、二〇一二年）が部分的にこれを批判しつつ検討を深めた。近年は、特定非営利活動法人高峰譲吉博士研究会がホームページで伝記的事項を含む豊かな情報を提供している。

アメリカに基盤を置いた後半生で高峰が帰国したのは七回であった(1)。二つの主要業績を挙げた後の一九〇二（明治三十五）年の帰国は、故郷に錦を飾るものであった。本書では、この時に帝国大学卒の工学者を中心とした工学会で行った講演の記録を「アメリカでの発明活動」の冒頭に置き、以後は基本的に来日した際に高峰が語った、あるいは発表した記事を収めている。「化学工業家の誕生」は主に米国移住前の著述を収めるが、冒頭には第二回、一九〇六（明治三十九）年の帰国の際に少年時代から当時までを語った「口演　高峰博士発明苦心談」（以下「苦心談」）を掲げる。これは工部大学校の同窓生で当時大阪高等工業学校(大阪大学工学部の前身)の校長であった安永義章の招きで、十一月十七日に中之島公会堂に学生など千名以上の聴衆を集めて行われた講演の記録である。最後にアメリカに同行して麹醸造を実施した杜氏の藤木幸助、農商務省時代の部下で、アメリカで研究を助けて客死した清水鉄吉、またアドレナリンの単離を担った上中啓三(「清三」と誤記されていた)らに対する謝辞が述べられている。一方で、アドレナリンについては、一言しか触れられておらず、上中の具体的な役割は示されていない。

以下では、『高峰博士』の叙述から「苦心談」での彼の前半生の語りを補い、ついで収録されている文章に触れながら、高峰の特色を考える。

高峰は嘉永七(安政元)年(一八五四年)九月十三日、高岡に生まれたとされる。しかし、嘉永五(一八五二)年九月二十二日、すなわち明治天皇と同日とする史料もある。(2) 若いころから付き合いがあった嘉永五年九月十一日生まれの化学者高松豊吉が「私は君と同年同月生れ」(『高峰博士』一六八頁)と回想しているので、この説も捨てがたい。

譲吉の父精一は京都と江戸で家業の医学と共に蘭学を学び、安政二(一八五五)年に加賀藩の壮猶館の舎密方臨時御用御雇となって金沢に転住した。壮猶館はこの前年に加賀藩が洋式砲術の研究、実践、教育機関として設立したもので、「舎密」は後の「化学」である。蘭学の知見を踏まえた火薬製造が期待された主な役割であったろう。精一は火薬製造のほか、翻訳、石炭調査などを担当し、養生所舎密局物理など最幕末の加賀藩の科学技術部門で重要な地位を占めた。一八七一(明治四)年に藩が金沢理化学校を設けると、その綜理となったが、同校は廃藩により翌年に廃止された。(3)

譲吉は、慶応元(一八六五)年に藩校明倫堂から選ばれて長崎に留学を命じられた十数名の藩士子弟の一人となった。長崎への留学は英語の習得が目的で、高峰は当初ポルトガル領事のロレーロ Jose Roureiro、ついでイギリス人オルト William J. Alt の家に住み込んだ(『高峰博士』七、八頁)。ロレーロはマカオ生まれの貿易商で、オルトは大浦慶と提携して茶の輸出を行うなどしていた。英語修業の環境としては必ずしも良くなかったので、後に日本人の塾に転じ、さらにフルベッキの塾でも学んだという。「苦心談」で言う「ホルトギース」は該当する人名が見当たらず、ロレーロに習ったのでポルトガル風 Portuguese の英語であったということかと思われる。いずれにせよ、若くして外国人商人の仕事ぶりを身近に見たことは、彼のその後に大きな影響を与えたであろう。

慶応四(明治元)年(一八六八年)には京都に出て、大村益次郎の門下で壮猶館の教授も務めた安達幸之助の兵学塾に入った。安達は新政府の軍防事務局に勤務していたが、翌年九月、大村と共に暗殺される。高峰は維新政府の不安定さを身近に感じたであろうが、それに関する回想は残されていない。

大坂の緒方塾で学んだのも父の縁であったというが、緒方洪庵はすでに没している。次いで入学した大阪医学校は長崎からオランダ人医師ボードゥインを招いて新設されたもので、緒方洪庵の子惟準(これよし)が校長を務めた。オランダ人化学者ハラタマを招いて大阪舎密局が新設されると、一八七〇(明治三)年三月に英会話習得のためとして同校への通学を認められた。(4) のちには同年五月に理学校と改称された同校に転じ、ハラタマの後任となったリッテル H. Ritter から化学分析を学ぶ。彼はドイツ人であったが英語で講義しており、高峰の英語力はさらに磨かれたであろう。高峰のこの時期までの修学は、加賀藩で働く父の後継者となるにふさわしいものであった。しかし、翌年七月の廃藩置県は、彼自身が進路を切り開く必要をもたらした。

一八七二(明治五)年十月に大阪理学校が廃止されると、高峰は東京に移り、同年十二月に工部省勧工寮技術見習となる。勧工寮にはこの年八月に製煉所という化学試験を行う部局が設けられており、そこで学んだと思われる。

このころ、工部省は、後に工部大学校となる工学寮工学校の設置準備を進めており、一八七三(明治六)年にダイアー Henry Dyer 以下九名のイギリス人教師が来着し、八月に入学試験を行った。試験は主にイギリス人たちによって英語で行われたので、高峰には適していたであろう。無事合格し、同年十月の授業開始時から学んだ。

当時の「工学寮入学式並学科略則」では入学者の年齢を十五歳から十八歳までとしており、安政元＝嘉永七年生まれであれば、ぎりぎり十八歳におさまる。このため、生年を二年ずらして申告した可能性がある。工部大学校では実地化学を専攻した。

化学の教師はダイバース Edward Divers、一八三七年生まれで薬物学や法医学の教育歴があった。後に帝国大学理科大学の化学教師となって一八九九年まで日本の化学教育に貢献する。性急な実地への応用より学理の習得を重視する学者であった。

一八七七(明治十)年、工部大学校の管理にあたっていた大鳥圭介の後援で、工業技術の活用による「四民授産」を目指す『中外工業新報』が創刊された。高峰は他の学生と共にその執筆陣に加わり、さらに同誌の資金稼ぎのために化粧品の生産も試みた。ダイバースの学理教育のほか、カリキュラム上実習を重視した工部大学校の学生として最新の官民工場での経験を得、またこの雑誌に関わることで、新技術を産業に活用しようとする様々な知恵を学び、高峰は充実した学生生活を送ったと思われる。

一八八〇(明治十三)年二月、前年に工部大学校を卒業した第一回卒業生のうち十一名が選ばれてイギリスに派遣された。これは大学校の教師や各事業所の御雇外国人に取って代わるためには工業が未発達の国内の見聞だけでは不足なので、各分野で学芸抜群の者一名ずつを約三年間留学させるという計画であった(5)。

高峰がイギリスで何を学んだか断片的にしかわからず、本書に収められている到着三カ月後に日本に送った手紙は貴重な史料である。また、明治十三年十一月二十七日刊行の『中外工業新報』九一号には、留学仲間とグラスゴーの工場で皮なめしの新法を見学した成果を高峰が報じており、実用的な新技術の把握に努めたことがわかる。石田三雄氏は、高峰が教わった「ミルス氏(E. J. Mills)」が発酵学も講じたことを明らかにしたが、その理解が高峰の特許申請につながったと推測している。

書簡には、フランス、ドイツでの工業の視察も英語で十分と考えていたが、無理とわかった旨の記述がある。高峰は英語圏に限らず、欧米各国の科学技術を知る手段として英語を学んだが、英語だけでは限界があった。一八八六(明治十九)年に発足した帝国大学で、工学を学ぶのに第二外国語が必要とされたのは、このような事情によるのであろう。なお、長年付き合いのあったアメリカ人ジャーナリストは、高峰の英語は、意味は明瞭だが冠詞を省略する傾向があったと回想する(『高峰博士』一四二頁)。文法から学ぶのではなく、実地で修得した英語だったことを物語っている。

高峰が帰国してみると、彼が大学校卒業後の七年間の奉職義務を果たすべき工部省は、すでに化学工業関係の官営事業を払い下げていた。そこで工部省工作局の技術官のトップであった宇都宮三郎が就職先を提案したが、高峰は日本固有の化学事業に知見を生かしたいと希望を述べ、農商務省に紹介してもらった。一八八三(明治十六)年四月に御用掛准奏任月俸八十円として工務局勧工課に配属された高峰が主に取り組んだのは、日本酒醸造の改良、特に防腐である。日本酒については東京医学校(現東京大学医学部)のヘルマン・アールブルクが麴の菌を分離して学名を付け、東京大学のオスカー・コルシェルトが防腐剤としてサリチル酸を導入し、同じくアトキンソンが一八八一年に日本酒の醸造法を紹介する論文を書くなど、来日した化学者たちの関心も高かった。高峰の成果は「本邦固有化学工業の改良」で語られる。

一八八四(明治十七)年九月、高峰はアメリカ、ニューオーリンズで開催された万国工業并綿百年期博覧会へ服部一三、玉利喜造と共に事務官として派遣された。本書には収録されていないが、『工学会誌』第四七巻（一八八五年）に「米国「ニウオーリヤンス」万国工業博覧会」として土木、機械を含む幅広い報告を寄せている。この滞在中、彼は過リン酸肥料に目をつけ、また、下宿先の娘であるキャロライン・ヒッチと結婚の約束をした。

一八八五（明治十八）年九月に帰国すると、十一月に専売特許所、商標登録所の兼勤を命じられ、高橋是清所長が特許・商標制度調査のため欧米を巡回する丸一年間、途中で専売特許局と名を変えたこの部局の責任者を務めた。彼自身が特許行政に関わっていたことは、「苦心談」では語られないが、移住後もアメリカの特許弁理士の資格を取って活動しており、発明の事業化の背景には、特許制度への深い理解があった。一方で、アメリカから持ち帰った過リン酸肥料は、農商務省から各地に配布して試験し好成績を得た。そこで、農商務次官吉田清成の紹介で、渋沢栄一に企業化を諮った（「青淵先生をこがれ慕うて」『竜門雑誌』三六〇号、一九一八年）。三井物産の益田孝は、誰かに紹介されて高峰に会い、自分が渋沢に紹介したと語る（『自叙益田孝翁伝』）。いずれにせよ、彼らの呼びかけと資本参加により、一八八七（明治二十）年二月に臨時株主総会を開いて東京人造肥料会社を設立し、四月に認可を受けた。

臨時株主総会の翌月、高峰は特に在官のまま許されて、益田と人造肥料製造の機械買い付けのため仏独英米に出張、この途次アメリカで結婚し、夫人を連れ帰った。

帰国後、官を辞して東京人造肥料会社の技師長に転じ、人造肥料の普及のため地方行脚も行った。その際の演説の一例が「演説　人造肥料の説」である。現在その旧宅が世界文化遺産「富岡製糸場と絹産業遺産群」の一つとなっている田島弥平らの養蚕家たちが、一八八九(明治二十二)年二月十七日に農商務省農務局の養蚕専門家を招いて講演会を開催したところに、招かれざる高峰もかつての同僚たちの好意で宣伝の機会を得たのである。

「演説　天然瓦斯」は同年九月十六日の工学会通常会での演説で、長野県内で見かけた天然ガス噴出をピッツバーグで見た天然ガス利用と結びつけて企業化の可能性を指摘する、彼のアメリカへのあこがれと起業意欲を感じさせる論稿である。

東京人造肥料会社創業後も高峰は独自の発明活動を続け、一八八七年以降、麴醸造の特許を、イギリス、フランス、ベルギーで申請し、一八八九年五月には日本からアメリカにも申請した。そして一八九〇(明治二十三)年十一月に堺の肥塚商店酒造場の杜氏であった藤木幸助を伴って渡米した。もちろん、夫人と二人の幼子を伴ってであり、アメリカで夫人の親族が高峰の事業の展開にある程度の目星をつけたことが渡航の前提であった。

「自家発見の麴ならびに臓器の主成分について」では、渡米後の、麴醸造をウイスキーの醸造に応用する試みを技術的に説明し、化学上の試験が、「工業者の軍（いくさ）」であったとする。そして、それが行き詰まった一方で、タカジアスターゼを生み出した過程を述べる。アドレナリンの結晶化については、タカジアスターゼを消化剤として売り出すことで「薬屋の仲間」に入った結果として、いろいろ研究した中で「近頃一つ当たった」という表現で、単離の成功が、自分の従来の研究とはあまり関わらない僥倖であったことを示唆する。一方で、先進国での研究状況やアドレナリンの効用を語り、それが従来七不思議であった「臓腑の生理上の作用」を化学を通じて医学の手段とする第一歩であると、成功の意義を十分に認識していることがわかる。

「新ジアスターゼ剤およびその製造法について」はこの年（一九〇九年）に日本で認められた特許第一六一三五号の特許明細書から、冒頭の申請の文言と末尾の特許を求める範囲の叙述を抜いたものと、文章表現上のわずかな相違しかない。特許の成立を前提に、タカジアスターゼの技術的意義を紹介したものである。

「百難に克ちたる在米二十余年の奮闘」は一九一三(大正二)年、第一次世界大戦前の最後の帰国の際の一般読者向けの語りで、この時期にも、カナダを含めてウイスキーの麴醸造の試験を続けていると、この課題への彼のこだわりを強調する。

この帰国の際、高峰は後の理化学研究所につながる「国民化学研究所」の構想を示し、渋沢栄一らの同意を得て設立協議会を開催した。その直前の、高峰の構想を示すのが『実業之日本』に掲載された「余が化学研究所設立の大事業を企てたる精神を告白す」(原題は、「将に起らんとする資金壱千万円の国民的化学研究所　余が此大事業を企てたる精神を告白す」)で、中央に研究所を設けるだけではなく、広く官民の考案を審査して研究を援助する体制を構想しているところに特色がある。

発明奨励のために研究所が必要なことは、すでに一九〇六(明治三十九)年の第二回の帰国の際に同誌に掲載した「いかにして発明国民となるべきか」で主張されている。ここでは、日露戦争での戦勝を背景に、「模倣(コピー)」のみではなく、発明を産業に応用しなくては欧米列強との「平和の競争」で勝てないとする。そして、日本人に発明力があるのだから、それを生かすため、欧米のように「官民一致」で費用を出して「発明研究の場所」を設け、また将来は実業家も研究所を設け、高等教育を受けた技術者に発明の研究をさせることを望むとする。さらに日本の教育が「学術のみに偏して常識を加味せざる」ことが問題なので「常識を加味し、なるべく発明の方へ学者の頭脳を傾注せしむる」ことを求めている。この教育観は、自分の経験と、当時の日本の大学卒技術者の経験との差に立脚しているように思われる。

高峰は日本の科学技術の、模倣から独自の発明へという転換の先導者として、立ち現れた。この時期まで、またその後も、国内での創意工夫の多くは、欧米の技術を日本の条件にあわせ、在来技術と巧みに組み合わせて活用する方向で重ねられた。高峰が農商務省に入ったのもそのような動機であったはずだが、アメリカでの輝かしい発明の実績を持った彼は、従来の創意工夫を「模倣」と一括できる視角を持っていた。そして、「時局と本邦工業家の覚悟」では、農商務省時代の研究を、日本固有の材料や方法を利用することで世界的な発明を成し遂げた例として、振り返っている。「一研究の成功も富国の大道」でも、このような立場から、第一次大戦下の各国の動向もふまえて、理化学研究所設立の意義を説く。

発明成功後の高峰は、現地の名士として日本の外交を助け、渋沢栄一らと連携して日米の実業界をつなぐ役割を果たしていた。本書は、発明に焦点を合わせているので、その面での活動を示す文書は多くはないが、「理化学研究進歩の賜だ」の後半にはその一端が示されている。また、「余が化学研究所設立の大事業を企てたる精神を告白す」の末尾には、その動機と、それが研究所設立提唱と通じるものであることが示される。第一次大戦後の「英米両国の化学工業保護法について」では、両国の動向を紹介しながら、日本も保護主義をとることを勧めており、アメリカに住み、世界的な視野を持ちながら、日本の発展を案じた高峰の姿がうかがえる。

高峰のアメリカへの麴醸造技術移転の試みは、ウイスキー製造で独占的地位を占めていたトラストに採用させようとした点で、技術的にも、社会的にも困難だった。現代では無謀とも思えるが、その挑戦ゆえに、信用や資金、そして人材を得て、世界で通用する発明に成功したとも言えるだろう。

実績を持つ高峰が行った、日本人が世界に通用する発明を行う必要性の主張、当時の日本の教育への批判、そして新設すべき研究所に所外で優れた研究をする人への奨励機能を持たせる主張などは、当時の日本社会ではあまり受け入れられなかったが、現在ではかなりの範囲で理解されるであろう。なぜ、彼が一世紀前にそのような境地に達していたのかは、彼の卓越した経歴と照らし合わせれば、かなりの程度理解できる。そして、その知見は我々に、なすべきことを示唆してくれる。彼が、日本人が発明に活用すべきであると論じた「東洋固有の材料」に取り組むのが日本人だけではなくなって久しいが、このような先駆者の知見こそが、我々が活用すべき貴重な財産なのではないだろうか。

(1)『高峰博士』一七一頁で高松豊吉は明治三十三年にも帰国しているとするが、高松はこの時期高峰と関係が薄かったとしており、すでにタカジアスターゼの販売にあたっていた塩原又策が三十五年を最初の帰国としている(高瀬誠三郎編『思ひ出の四十年』一九三八年、一〇頁)のに従う。
(2)国立公文書館所蔵叙勲裁可書「明治三十九年　叙勲」巻一、所収履歴書。本稿では明治五年以前の月日を旧暦で示しているが、どちらも新暦に換算すると十一月三日となる。
(3)板垣英治「高峰元稑の実像と虚像」『北陸医史』三一号、二〇〇九年。
(4)芝哲夫「大坂舎密局史」『大阪大学史紀要』一号、一九八一年、四二頁。
(5)国立公文書館「明治十二年公文録」一一九巻一。

(すずきじゅん　東京大学文学部教授)

【編集付記】

一　各論文の初出は、それぞれの末尾に示した。
一　高峰の各論文の本文中にある〔　〕の文言は編者注である。
一　原則として漢字は新字体に、仮名づかいは現代仮名づかいに改めた。
一　明らかな誤記・誤植は訂正した。
一　漢字語のうち代名詞・副詞・接続詞など、使用頻度の高い語を一定の枠内で平仮名に改めた。
一　本文中に、今日からすると不適切な表現があるが、原文の歴史性を考慮してそのままとした。

（岩波文庫編集部）

高峰譲吉文集 いかにして発明国民となるべきか

2022年7月15日　第1刷発行

編　者　鈴木　淳

発行者　坂本政謙

発行所　株式会社　岩波書店
〒101-8002 東京都千代田区一ツ橋2-5-5
案内 03-5210-4000　営業部 03-5210-4111
文庫編集部 03-5210-4051
https://www.iwanami.co.jp/

印刷・三秀舎　カバー・精興社　製本・中永製本

ISBN 978-4-00-339521-9　　Printed in Japan

読書子に寄す

――岩波文庫発刊に際して――

岩波茂雄

真理は万人によって求められることを自ら欲し、芸術は万人によって愛されることを自ら望む。かつては民を愚昧ならしめるために学芸が最も狭き堂宇に閉鎖されたことがあった。今や知識と美とを特権階級の独占より奪い返すことはつねに進取的なる民衆の切実なる要求である。岩波文庫はこの要求に応じそれに励まされて生まれた。それは生命ある不朽の書を少数者の書斎と研究室とより解放して街頭にくまなく立たしめ民衆に伍せしめるであろう。近時大量生産予約出版の流行を見る。その広告宣伝の狂態はしばらくおくも、後代にのこすと誇称する全集がその編集に万全の用意をなしたるか。千古の典籍の翻訳企図に敬虔の態度を欠かざりしか。さらに分売を許さず読者を繫縛して数十冊を強うるがごとき、はたしてその揚言する学芸解放のゆえんなりや。吾人は天下の名士の声に和してこれを推挙するに躊躇するものである。このときにあたって、岩波書店は自己の責務のいよいよ重大なるを思い、従来の方針の徹底を期するため、すでに十数年以前より志して来た計画を慎重審議この際断然実行することにした。吾人は範をかのレクラム文庫にとり、古今東西にわたって文芸・哲学・社会科学・自然科学等種類のいかんを問わず、いやしくも万人の必読すべき真に古典的価値ある書をきわめて簡易なる形式において逐次刊行し、あらゆる人間に須要なる生活向上の資料、生活批判の原理を提供せんと欲する。この文庫は予約出版の方法を排したるがゆえに、読者は自己の欲する時に自己の欲する書物を各個に自由に選択することができる。携帯に便にして価格の低きを最主とするがゆえに、外観を顧みざるも内容に至っては厳選最も力を尽くし、従来の岩波出版物の特色をますます発揮せしめようとする。この計画たるや世間の一時の投機的なるものと異なり、永遠の事業として吾人は微力を傾倒し、あらゆる犠牲を忍んで今後永久に継続発展せしめ、もって文庫の使命を遺憾なく果たさしめることを期する。芸術を愛し知識を求むる士の自ら進んでこの挙に参加し、希望と忠言とを寄せられることは吾人の熱望するところである。その性質上経済的には最も困難多きこの事業にあえて当たらんとする吾人の志を諒として、その達成のため世の読書子とのうるわしき共同を期待する。

昭和二年七月

《法律・政治》〔白〕

- 人権宣言集 — 高木八尺・末延三次・宮沢俊義 編
- 新版 世界憲法集 第二版 — 高橋和之 編
- 君主論 — マキアヴェッリ 河島英昭 訳
- フィレンツェ史 全二冊 — マキァヴェッリ 齊藤寛海 訳
- リヴァイアサン 全四冊 — ホッブズ 水田洋 訳
- ビヒモス — ホッブズ 山田園子 訳
- 法の精神 全三冊 — モンテスキュー 野田良之・稲本洋之助・上原行雄・田中治男・三辺博之・横田地弘 訳
- ローマ人盛衰原因論 — モンテスキュー 田中治男・栗田伸子 訳
- 第三身分とは何か — シィエス 稲本洋之助・伊藤洋一・川出良枝・松本英実 訳
- 教育に関する考察 — ロック 服部知文 訳
- 完訳 統治二論 — ジョン・ロック 加藤節 訳
- 寛容についての手紙 — ジョン・ロック 加藤節・李静和 訳
- キリスト教の合理性 — ジョン・ロック 加藤節 訳
- ルソー 社会契約論 — 桑原武夫・前川貞次郎 訳
- アメリカのデモクラシー 全四冊 — トクヴィル 松本礼二 訳
- 犯罪と刑罰 — ベッカリーア 風早八十二・五十嵐二葉 訳
- リンカーン演説集 — 高木八尺・斎藤光 訳
- 権利のための闘争 — イェーリング 村上淳一 訳
- 近代人の自由と古代人の自由・征服の精神と簒奪 他一篇 — コンスタン 堤林剣・堤林恵 訳
- 民主主義の本質と価値 他一篇 — ハンス・ケルゼン 長尾龍一・植田俊太郎 訳
- 外交談判法 — カリエール 坂野正高 訳
- 危機の二十年 —理想と現実 — E・H・カー 原彬久 訳
- アメリカの黒人演説集 —キング・マルコムX・モリスン 他 — 荒このみ 編訳
- モーゲンソー 国際政治 —権力と平和 全三冊 — 原彬久 監訳
- 現代議会主義の精神史的状況 他一篇 — カール・シュミット 樋口陽一 訳
- 第二次世界大戦外交史 全二冊 — 芦田均
- 憲法講話 — 美濃部達吉
- 日本国憲法 — 長谷部恭男 解説
- 民主体制の崩壊 —危機・崩壊・再均衡 — ファン・リンス 横田正顕 訳

《経済・社会》〔白〕

- 政治算術 — ペティ 大内兵衛・松川七郎 訳
- 国富論 全四冊 — アダム・スミス 水田洋 監訳 杉山忠平 訳
- 道徳感情論 全二冊 — アダム・スミス 水田洋 訳
- 法学講義 — アダム・スミス 水田洋 訳
- コモン・センス 他三篇 — トーマス・ペイン 小松春雄 訳
- 経済学における諸定義 — マルサス 玉野井芳郎 訳
- オウエン自叙伝 — ロバアト・オウエン 五島茂 訳
- 戦争論 全三冊 — クラウゼヴィッツ 篠田英雄 訳
- 自由論 — J・S・ミル 塩尻公明・木村健康 訳
- ミル自伝 — 朱牟田夏雄 訳
- 大学教育について — J・S・ミル 竹内一誠 訳
- 功利主義 — J・S・ミル 関口正司 訳
- ユダヤ人問題によせて ヘーゲル法哲学批判序説 — マルクス 城塚登 訳
- 経済学・哲学草稿 — マルクス 城塚登・田中吉六 訳
- 新編輯版 ドイツ・イデオロギー — マルクス エンゲルス 廣松渉 編訳 小林昌人 補訳
- マルクス エンゲルス 共産党宣言 — 大内兵衛・向坂逸郎 訳
- 賃労働と資本 — マルクス 長谷部文雄 訳
- 賃銀・価格および利潤 — マルクス 長谷部文雄 訳
- マルクス 経済学批判 — 武田隆夫・遠藤湘吉・大内力・加藤俊彦 訳
- マルクス 資本論 全九冊 — エンゲルス 編 向坂逸郎 訳

- 文学と革命 全二冊　トロツキイ　桑野隆訳
- ロシア革命史 全五冊　トロツキー　藤井一行訳
- 空想より科学へ —社会主義の発展　エンゲルス　大内兵衛訳
- イギリスにおける労働者階級の状態 —一九世紀のロンドンとマンチェスター 全二冊　エンゲルス　一條和生・杉山忠平訳
- 帝国主義論 全二冊　ホブスン　矢内原忠雄訳
- 帝国主義　レーニン　宇高基輔訳
- 国家と革命　レーニン　宇高基輔訳
- ローザ・ルクセンブルク獄中からの手紙　秋元寿恵夫訳
- 雇用、利子および貨幣の一般理論 全二冊　ケインズ　間宮陽介訳
- シュムペーター経済発展の理論 全二冊　塩野谷祐一・中山伊知郎・東畑精一訳
- シュムペーター経済学史 —学説ならびに方法の諸段階　中山伊知郎・東畑精一訳
- 租税国家の危機　シュムペーター　木村元一・小谷義次訳
- 日本資本主義分析　山田盛太郎
- 恐慌論　宇野弘蔵
- 経済原論　宇野弘蔵
- 資本主義と市民社会 他十四篇　大塚久雄　齋藤英里編
- 共同体の基礎理論 他六篇　大塚久雄　小野塚知二編

- ユートピアだより　ウィリアム・モリス　川端康雄訳
- 民衆の芸術　ウィリアム・モリス　中橋一夫訳
- 社会科学と社会政策にかかわる認識の「客観性」　マックス・ヴェーバー　富永祐治・立野保男訳　折原浩補訳
- プロテスタンティズムの倫理と資本主義の精神　マックス・ヴェーバー　大塚久雄訳
- 職業としての学問　マックス・ヴェーバー　尾高邦雄訳
- 社会学の根本概念　マックス・ヴェーバー　清水幾太郎訳
- 職業としての政治　マックス・ヴェーバー　脇圭平訳
- 古代ユダヤ教 全三冊　マックス・ヴェーバー　内田芳明訳
- 宗教と資本主義の興隆 —歴史的研究 全二冊　トーニー　出口勇蔵・越智武臣訳
- 世論 全二冊　リップマン　掛川トミ子訳
- 王権　A・M・ホカート　橋本和也訳
- 鯰絵 —民俗的想像力の世界　C・アウエハント　小松和彦・中沢新一・飯島吉晴・古家信平訳
- 贈与論 他二篇　マルセル・モース　森山工訳
- 国民論 他二篇　マルセル・モース　森山工編訳
- ヨーロッパの昔話 その形と本質　マックス・リュティ　小澤俊夫訳
- 独裁と民主政治の社会的起源 —近代世界形成過程における領主と農民 全二冊　バリントン・ムーア　宮崎隆次・森山茂徳・高橋直樹訳
- 大衆の反逆　オルテガ・イ・ガセット　佐々木孝訳

《自然科学》〔青〕

- 科学と仮説　ポアンカレ　河野伊三郎訳
- エネルギー　オストヴァルト　山県春次訳
- 光学　ニュートン　島尾永康訳
- 大陸と海洋の起源 —大陸移動説 全二冊　ヴェーゲナー　都城秋穂・紫藤文子訳
- ロウソクの科学　ファラデー　竹内敬人訳
- 種の起原 全二冊　ダーウィン　八杉龍一訳
- 完訳ファーブル昆虫記 全十冊　山田吉彦・林達夫訳
- 確率の哲学的試論　ラプラス　内井惣七訳
- 史的に見たる科学的宇宙観の変遷　アーレニウス　寺田寅彦訳
- 科学談義　T・H・ハックスリ　小泉丹訳
- アインシュタイン相対性理論　内山龍雄訳・解説
- 相対論の意味　アインシュタイン　矢野健太郎訳
- 自然美と其驚異　ジョン・ラバック　板倉勝忠訳
- ダーウィニズム論集　八杉龍一編訳
- 近世数学史談　高木貞治
- ハッブル銀河の世界　戎崎俊一訳

パロマーの巨人望遠鏡 全二冊　D・O・ウッドベリー　関正雄・湯澤博・成相恭二 訳

生物から見た世界　ユクスキュル、クリサート　日高敏隆・羽田節子 訳

ゲーデル 不完全性定理　林晋・八杉満利子 訳

日本の酒　坂口謹一郎

生命とは何か ―物理的にみた生細胞　シュレーディンガー　岡小天・鎮目恭夫 訳

ウィーナー サイバネティックス ―動物と機械における制御と通信　池原止戈夫・彌永昌吉・室賀三郎・戸田巌 訳

熱輻射論講義　マックス・プランク　西尾成子 訳

コレラの感染様式について　ジョン・スノウ　山本太郎 訳

《東洋思想》〔青〕

- 易経 全二冊 — 高田真治・後藤基巳訳
- 論語 — 金谷治訳注
- 孔子家語 — 藤原正校訳
- 孟子 全二冊 — 小林勝人訳注
- 老子 — 蜂屋邦夫訳注
- 荘子 全四冊 — 金谷治訳注
- 新訂 孫子 — 金谷治訳注
- 荀子 全二冊 — 金谷治訳注
- 韓非子 全四冊 — 金谷治訳注
- 史記列伝 全五冊 — 司馬遷／小川環樹・今鷹真・福島吉彦訳
- 春秋左氏伝 全三冊 — 小倉芳彦訳
- 塩鉄論 — 曾我部静雄訳註
- 千字文 — 小川環樹・木田章義注解
- 大学・中庸 — 金谷治訳注
- 仁学 —清末の社会変革論 — 譚嗣同／西順蔵・坂元ひろ子訳注
- 章炳麟集 —清末の民族革命思想 — 西順蔵・近藤邦康編訳
- 梁啓超文集 — 岡本隆司・石川禎浩・高嶋航編訳
- マヌの法典 — 田辺繁子訳
- ガンディー獄中からの手紙 — 森本達雄訳
- ウパデーシャ・サーハスリー —真実の自己の探求 — シャンカラ／前田専学訳

《仏教》〔青〕

- ブッダのことば —スッタニパータ — 中村元訳
- ブッダの真理のことば 感興のことば — 中村元訳
- 般若心経・金剛般若経 — 中村元・紀野一義訳註
- 法華経 全三冊 — 坂本幸男・岩本裕訳注
- 日蓮文集 — 兜木正亨校注
- 浄土三部経 全二冊 — 中村元・早島鏡正・紀野一義訳註
- 大乗起信論 — 宇井伯寿・高崎直道訳注
- 臨済録 — 入矢義高訳注
- 碧巌録 全三冊 — 入矢義高・溝口雄三・末木文美士・伊藤文生訳注
- 無門関 — 西村恵信訳注
- 法華義疏 全二冊 — 聖徳太子／花山信勝校訳
- 往生要集 全二冊 — 源信／石田瑞麿訳注
- 教行信証 — 親鸞／金子大栄校訂
- 歎異抄 — 金子大栄校注
- 正法眼蔵 全四冊 — 道元／水野弥穂子校注
- 正法眼蔵随聞記 — 懐奘編／和辻哲郎校訂
- 道元禅師清規 — 大久保道舟訳注
- 一遍上人語録 —付 播州法語集 — 大橋俊雄校注
- 一遍聖絵 — 聖戒編／大橋俊雄校注
- 南無阿弥陀仏 —付 心偈 — 柳宗悦
- 蓮如文集 — 蓮如／笠原一男校注
- 蓮如上人御一代聞書 — 稲葉昌丸校訂
- 日本的霊性 — 鈴木大拙／篠田英雄校訂
- 新編 東洋的な見方 — 鈴木大拙／上田閑照編
- 禅堂生活 — 鈴木大拙／横川顕正訳
- 大乗仏教概論 — 鈴木大拙／佐々木閑訳
- 浄土系思想論 — 鈴木大拙
- 神秘主義 キリスト教と仏教 — 鈴木大拙／坂東性純・清水守拙訳
- 禅の思想 — 鈴木大拙

ブッダ最後の旅 —大パリニッバーナ経 中村元訳
仏弟子の告白 —テーラガーター— 中村元訳
尼僧の告白 —テーリーガーター— 中村元訳
ブッダ神々との対話 —サンユッタ・ニカーヤI 中村元訳
ブッダ悪魔との対話 —サンユッタ・ニカーヤII 中村元訳
禅林句集 足立大進校注
ブッダが説いたこと ワールポラ・ラーフラ 今枝由郎訳
ブータンの瘋狂聖 ドゥクパ・クンレー伝 ゲンドゥン・リンチェン編 今枝由郎訳
梵文和訳 華厳経入法界品 梶山雄一 丹治昭義 津田真一 田村智淳 桂紹隆 訳注

《音楽・美術》〔青〕

ベートーヴェンの生涯 ロマン・ロラン 片山敏彦訳
音楽と音楽家 シューマン 吉田秀和訳
モーツァルトの手紙 —その生涯のロマン 全二冊 柴田治三郎編訳
レオナルド・ダ・ヴィンチの手記 全二冊 杉浦明平訳
ゴッホの手紙 全三冊 硲伊之助訳
ロダンの言葉抄 高村光太郎訳 高田博厚 菊池一雄 編
ビゴー日本素描集 清水勲編
ワーグマン日本素描集 清水勲編
河鍋暁斎戯画集 山口静一 及川茂 編
葛飾北斎伝 飯島虚心 鈴木重三校注
ヨーロッパのキリスト教美術 —十二世紀から十八世紀まで 全二冊 エミール・マール 柳宗玄 荒木成子 訳
近代日本漫画百選 清水勲編
ドーミエ諷刺画の世界 喜安朗編
デューラー自伝と書簡 前川誠郎訳
蛇儀礼 ヴァールブルク 三島憲一訳
セザンヌ ガスケ 與謝野文子訳
迷宮としての世界 —マニエリスム美術 全二冊 グスタフ・ルネ・ホッケ 種村季弘 矢川澄子 訳
日本洋画の曙光 平福百穂
映画とは何か 全二冊 アンドレ・バザン 野崎歓 大原宣久 谷本道昭 訳
漫画 坊っちゃん 近藤浩一路
漫画 吾輩は猫である 近藤浩一路
ロバート・キャパ写真集 ICPロバート・キャパ・アーカイブ編
北斎 富嶽三十六景 日野原健司編
日本漫画史 —鳥獣戯画から岡本一平まで 細木原青起
世紀末ウィーン文化評論集 ヘルマン・バール 西村雅樹編訳
ゴヤの手紙 全二冊 大髙保二郎 松原典子 編訳
丹下健三建築論集 豊川斎赫編
丹下健三都市論集 豊川斎赫編

《歴史・地理》〔青〕

新訂 魏志倭人伝・後漢書倭伝・宋書倭国伝・隋書倭国伝 ―中国正史日本伝1 石原道博編訳
ヘロドトス 歴史 全三冊 松平千秋訳
トゥーキュディデース 戦史 全三冊 久保正彰訳
ガリア戦記 カエサル 近山金次訳
タキトゥス ゲルマーニア 泉井久之助訳註
タキトゥス 年代記 ―ティベリウス帝からネロ帝へ 全二冊 国原吉之助訳
ランケ 世界史概観 ―近世史の諸時代 鈴木成高 相原信作訳
ランケ自伝 林健太郎訳
歴史とは何ぞや ベルンハイム 坂口昂 小野鉄二訳
歴史における個人の役割 プレハーノフ 木原正雄訳
古代への情熱 ―シュリーマン自伝 シュリーマン 村田数之亮訳
大君の都 ―幕末日本滞在記 全三冊 オールコック 山口光朔訳
アーネスト・サトウ 一外交官の見た明治維新 全二冊 坂田精一訳
ベルツの日記 全二冊 トク・ベルツ編 菅沼竜太郎訳
武家の女性 山川菊栄
インディアスの破壊についての簡潔な報告 ラス・カサス 染田秀藤訳
ラス・カサス インディアス史 全七冊 長南実訳 石原保徳編
コロンブス 全航海の報告 林屋永吉訳
戊辰物語 東京日日新聞社会部編
大森貝塚 ―付 関連史料 E・S・モース 近藤義郎 佐原真編訳
ナポレオン言行録 オクターヴ・オブリ編 大塚幸男訳
中世的世界の形成 石母田正
日本の古代国家 石母田正
クリオの顔 ―歴史随想集 E・H・ノーマン 大窪愿二編訳
日本における近代国家の成立 E・H・ノーマン 大窪愿二訳
旧事諮問録 ―江戸幕府役人の証言 全二冊 旧事諮問会編 進士慶幹校注
朝鮮・琉球航海記 ―一八一六年アマースト使節団とともに ベイジル・ホール 春名徹訳
ローマ皇帝伝 全二冊 スエトニウス 国原吉之助訳
アリランの歌 ―ある朝鮮人革命家の生涯 ニム・ウェールズ キム・サン 松平いを子訳
ヒュースケン 日本日記 ―1855~61 青木枝朗訳
さまよえる湖 全二冊 ヘディン 福田宏年訳
老松堂日本行録 ―朝鮮使節の見た中世日本 宋希環 村井章介校注
十八世紀パリ生活誌 ―タブロー・ド・パリ 全二冊 メルシエ 原宏編訳
北槎聞略 ―大黒屋光太夫ロシア漂流記 桂川甫周 亀井高孝校訂
ヨーロッパ文化と日本文化 ルイス・フロイス 岡田章雄訳注
ギリシア案内記 全二冊 パウサニアス 馬場恵二訳
西遊草 清河八郎 小山松勝一郎校注
オデュッセウスの世界 フィンリー 下田立行訳
東京に暮す ―一九二八～一九三六 キャサリン・サンソム 大久保美春訳
ミカド ―日本の内なる力 W・E・グリフィス 亀井俊介訳
増補 幕末百話 篠田鉱造
明治百話 全二冊 篠田鉱造
幕末明治 女百話 全二冊 篠田鉱造
トゥバ紀行 メンヒェン＝ヘルフェン 田中克彦訳
徳川時代の宗教 R・N・ベラー 池田昭訳
ある出稼石工の回想 マルタン・ナド 喜安朗訳
植物巡礼 ―プラント・ハンターの回想 F・キングドン－ウォード 塚谷裕一訳
モンゴルの歴史と文化 ハイシッヒ 田中克彦訳
ローマ建国史 全三冊(既刊上巻) リーウィウス 鈴木一州訳
元治夢物語 ―幕末同時代史 馬場文英 徳田武校注

岩波文庫の最新刊

フロイト著／高田珠樹訳
日常生活の精神病理

知っているはずの画家の名前がどうしても思い出せない――フロイト存命中もっとも広く読まれた著作。達意の翻訳に十全な注を付す。
〔青六四二-一〕　定価一五八四円

エーリヒ・ケストナー著／酒寄進一訳
終戦日記一九四五

世界的な児童文学作家が、第三帝国末期から終戦後にいたる社会の混乱、戦争の愚かさを皮肉とユーモアたっぷりに描き出す。
〔赤四七一-二〕　定価一〇六七円

萩原朔太郎著
恋愛名歌集

萩原朔太郎(一八八六―一九四二)が、恋愛を詠った抒情性、韻律に優れた古典和歌の名歌を選び評釈した独自の詞華集。(解説＝渡部泰明)
〔緑六二-四〕　定価七〇四円

鵜飼信成著
憲法

戦後憲法学を牽引した鵜飼信成(一九〇六―八七)による、日本国憲法の独創的な解説書。先見性に富み、今なお異彩を放つ。初版一九五六年。(解説＝石川健治)
〔白三五-一〕　定価一三八六円

……今月の重版再開……

千葉俊二編
鷗外随筆集
定価七〇四円
〔緑六-八〕

木村浩編訳
ソルジェニーツィン短篇集
定価一〇一二円
〔赤六三五-二〕

定価は消費税 10% 込です　　2022. 6